国家中等职业教育改革发展示范学校规划教材·计算机网络技术专业

服务器配置与管理

主　编　刘会菊　郑学平

副主编　王维民　王林浩　张晓伟

中国财富出版社

图书在版编目（CIP）数据

服务器配置与管理／刘会菊，郑学平主编．—北京：中国财富出版社，2015.3
（国家中等职业教育改革发展示范学校规划教材．计算机网络技术专业）
ISBN 978-7-5047-5619-0

Ⅰ.①服… Ⅱ.①刘… ②郑… Ⅲ.①网络服务器—中等专业学校—教材 Ⅳ.①TP368.5

中国版本图书馆CIP数据核字（2015）第061443号

策划编辑 王淑珍　　责任印制 方朋远
责任编辑 孙会香 惠 婳　　责任校对 梁 凡

出版发行 中国财富出版社（原中国物资出版社）
社　　址 北京市丰台区南四环西路188号5区20楼　　邮政编码 100070
电　　话 010-52227568（发行部）　　010-52227588转307（总编室）
　　　　 010-68589540（读者服务部）　　010-52227588转305（质检部）
网　　址 http://www.cfpress.com.cn
经　　销 新华书店
印　　刷 北京京都六环印刷厂
书　　号 ISBN 978-7-5047-5619-0/TP·0091
开　　本 787mm×1092mm 1/16　　版　　次 2015年3月第1版
印　　张 14.25　　印　　次 2015年3月第1次印刷
字　　数 295千字　　定　　价 32.00元

国家中等职业教育改革发展示范学校
规划教材编审委员会

前　言

随着信息技术、互联网的日益发展和普及，计算机网络得到了空前的发展，使得网络用户不断壮大，网络服务需求快速扩张。许多企业单位、机关等组建了自己内部的局域网，并且大部分与互联网相连。网络应用与网络服务已成为我们获取信息的重要方式。因此，有效掌握网络服务器配置方法成了广大学生和网络一线技术人员急需掌握的一门技能。本书按照工作过程系统化模式，以 Windows Server 2003 为平台，以虚拟机帮助，将网络服务配置、应用及基础理论知识、技能融入实践。本书的目的就是从实践需要出发，从学习活动入手，通过循序渐进的实际操作，把内容庞大的配置工作细化为一个个具体学习活动，由浅入深，从而很容易掌握本书的内容。

本书编写按照实际工作过程、技术难度等划分为 5 个学习情境：配置 DHCP 服务器、配置 DNS 服务器、配置 Web 服务器、配置 FTP 服务器、配置邮件服务器。每个情境又分学习活动，学习活动内容有背景、描述、要求、实施、预备知识、检查与评价、实训报告，使读者能清晰明白自己所要学习的内容，重点让读者在具体学习实施活动中掌握网络的基础知识，达到融会贯通。

本书尽量避免繁杂的理论赘述，把概念、理论知识等融入实训中，网络服务器中用到的许多知识放在预备知识这部分内容中，供读者查阅。另外考虑到实际教学的需要，本书使用虚拟机作为服务器配置与管理的教学环境，避免教学资源的浪费。

本书由河北经济管理学校刘会菊、郑学平担任主编，由王维民、王林浩、张晓伟担任副主编。情境一由郑学平、张宝慧、张秀生编写，情境二由王林浩、吴利成、王维民编写，情境三由张立川、朱亚静编写，情境四由米聚珍、赵江华、董双双编写，情境五由刘会菊、刘晓玲、崔国敏编写，全书由刘会菊负责统稿、定稿，石家庄市弥敦环保科技有限公司张晓伟（经理）审稿。

由于作者水平有限，书中难免存在不足之处，恳请广大读者批评指正。

编　者

2015 年 1 月

目　录

学习情境一　配置 DHCP 服务器

学习情境背景

我们周围的企业、学校等单位都有许多计算机，它们之间要互相传递信息，甚至从互联网上获取知识，网络管理员如何实现这种功能呢?

在一个使用 TCP/IP 协议的网络中，每一台计算机都必须至少有一个 IP 地址，才能与其他计算机连接通信。DHCP 服务器（动态主机配置协议），是一个局域网的网络协议。网络管理员可以利用 DHCP 服务器为网络中的计算机分配动态 IP 地址。

学习目标

通过本情境的学习，会安装虚拟的网络平台，从而虚拟出一个网络环境，并且能在网络平台上安装、配置 DHCP 服务器。

学习活动安排

（1）安装、配置虚拟机。

（2）安装网络系统平台。

（3）搭建 DHCP 服务。

（4）安装 DHCP 服务器。

（5）配置 DHCP 服务器。

学习过程流程图

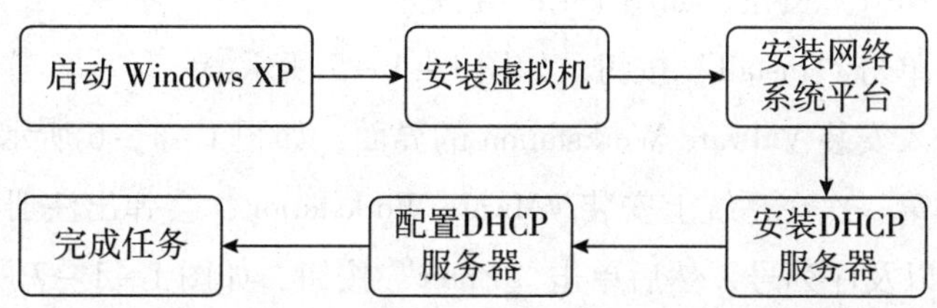

学习活动一　安装、配置虚拟机

【学习目标】

能够认识虚拟机软件，安装虚拟机。

【学习重点】

安装虚拟机、配置虚拟机。

【学习过程】

一、学习活动背景

网络的发展和应用已经遍及各个领域，特别是企、事业单位，学校等。如何在一台计算机同时运行两个或多个操作系统，甚至在一个小型局域网中的每一台计算机运行两个或多个操作系统，是网络管理人员需要考虑的问题，而且在运行时可以“同时”运行每个系统。

二、学习活动描述

为后面服务器配置的学习，提供虚拟系统环境。

三、学习活动要求

在本地机上安装虚拟机。

四、学习活动实施

安装 VMware 虚拟机操作步骤如下：

（1）放入 VMware Workstation 的安装盘，弹出安装界面，如图 1－1－1 所示。

（2）在接下来弹出的欢迎界面中，单击“Next”按钮。

（3）选择安装路径，然后单击“Next”按钮，如图 1－1－2 所示。

（4）如图 1－1－3 所示出现三个选项，提示用户关于程序启动的三种方式，默认为全选，然后单击“Next”按钮。

（5）单击“Next”按钮，如图 1－1－4 所示。

（6）然后，单击“Install”按钮，如图 1－1－5 所示。

（7）开始进入安装 VMware Workstation 的界面，如图 1－1－6 所示。

（8）假如是第一次在系统上安装 VMware Workstation，会弹出注册信息界面，输入用户名、公司名以及序列号，然后单击“Enter”按钮，如图 1－1－7 所示。

图 1－1－1　VMware Workstation 安装界面

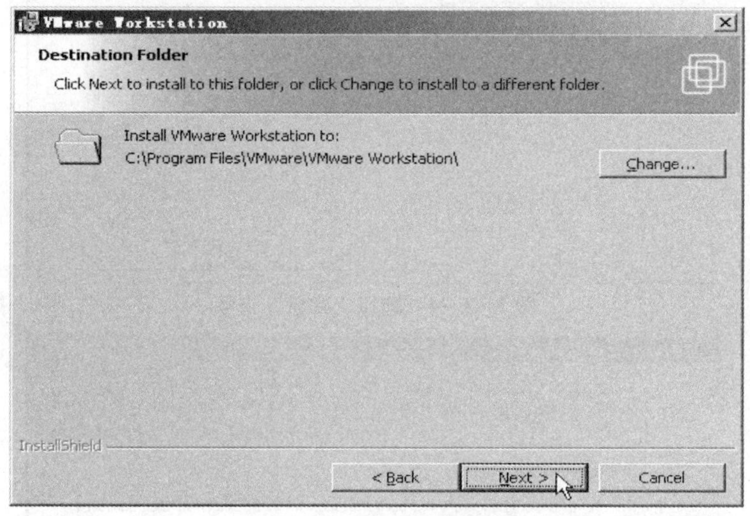

图 1－1－2　选择安装路径

(9) 大约等待 2 分钟，安装完成，单击“Finish”按钮，如图 1－1－8 所示。这样，VMware Workstationy 就安装成功了。

五、预备知识

1. VMwave 虚拟机

VMWare 是 VMware 公司出品的一款“虚拟机 PC”软件。虚拟机软件可以在一台电脑上模拟出来若干台 PC，每台 PC 可以运行单独的操作系统而互不干扰，可以实现

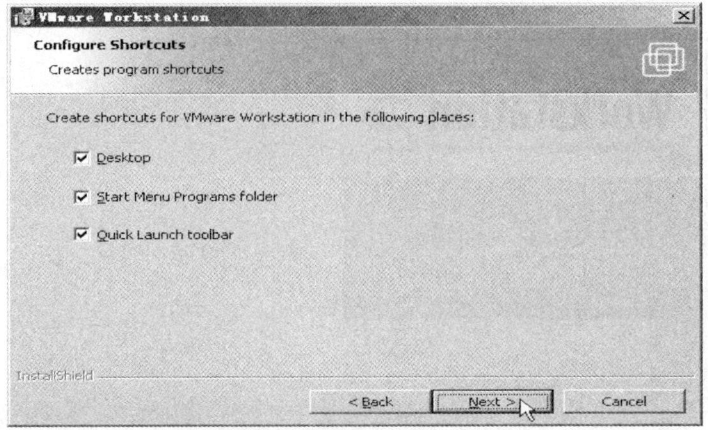

图1-1-3　选择“启动”的方式

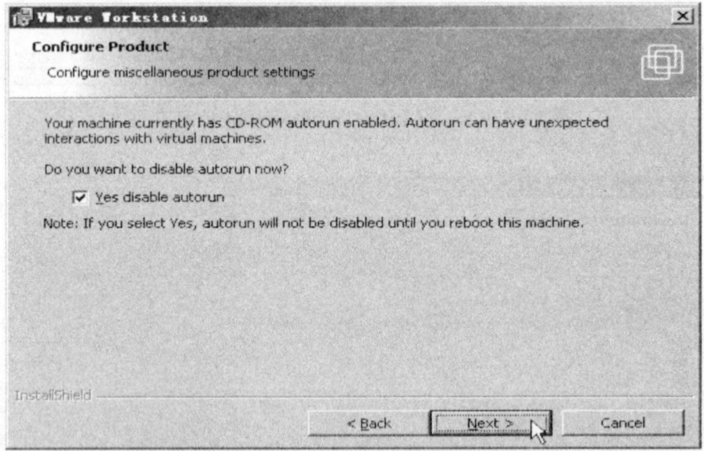

图1-1-4　选择“配置”选项

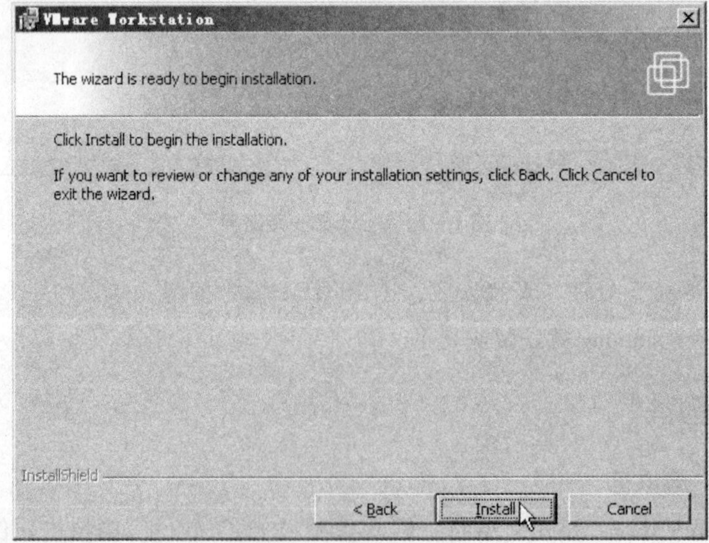

图1-1-5　准备安装界面

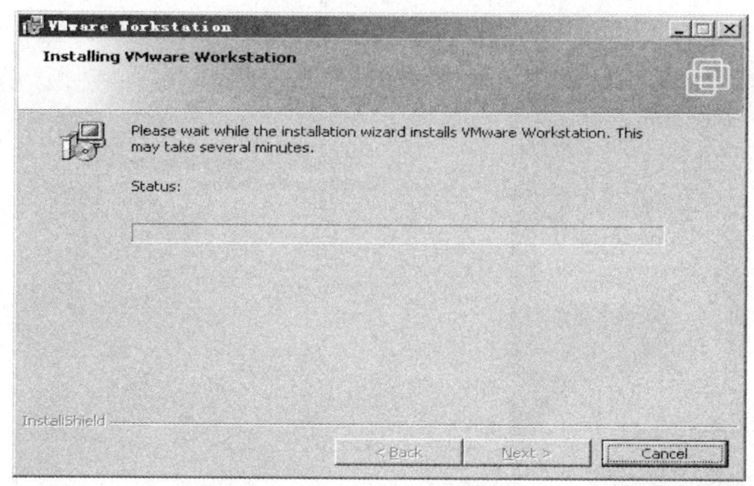

图 1－1－6　进入安装界面

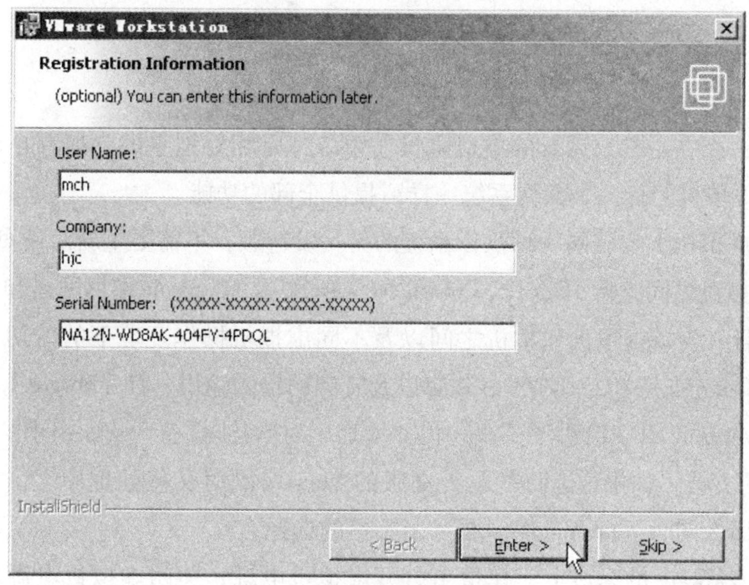

图 1－1－7　填写注册信息

在一台机器上“同时”运行两个或更多 Windows、Linux 系统，还可以将这几个操作系统连成一个网络。

2. VMware 的特点

（1）VMware 是模拟一个虚拟的计算机，它提供了 BIOS，可以更改其参数设置。不需要重新启动就可以同时在一台计算机上运行多个操作系统，可以是在窗口模式下运行客户机，也可以在全屏模式下运行，从虚拟机切换到主机屏幕之后，系统将自动保存虚拟机上运行的所有任务，以避免由于主机的崩溃，而损失虚拟机应用程序中

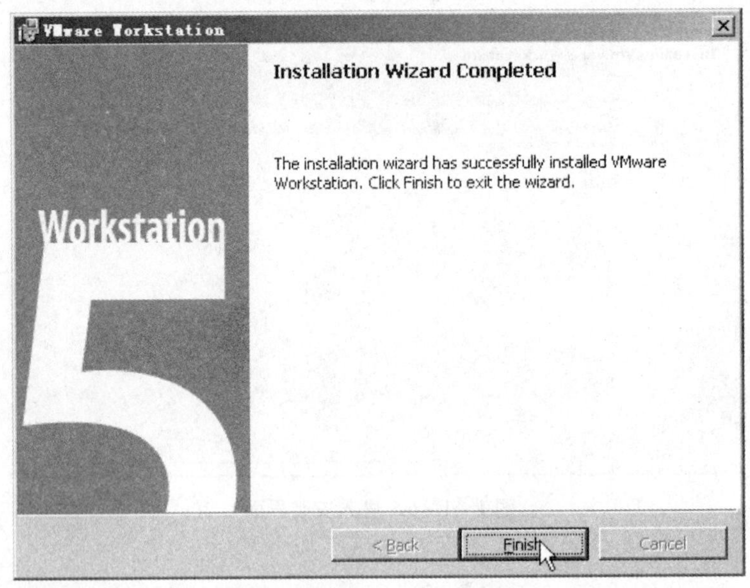

图 1－1－8　安装完成界面

数据。

（2）每一个在主机上运行的虚拟机操作系统都是相对独立的，拥有自己独立的网络地址，就像单机运行一个操作系统一样，提供全部的功能。

（3）在虚拟机上安装同一种操作系统的另一发行版，不需要重新对硬盘进行分区。

（4）虚拟机之间支持 TCP/IP、Novell Netware 以及 Microsoft 虚拟网络和 Samba 文件共享等。而且，支持虚拟机和主机之间以及不同虚拟机操作环境下的剪切、复制和粘贴操作。VMware 支持 CD－ROM 、软驱以及音频的输入输出，和 VMware 1.0 相比，最新版本的 VMware 2.0.3 改进了不少，比如增加了对 SCSI 设备、SVGA 图形加速卡以及 ZIP 驱动器的支持。如果你运行的是英文版的 Linux，同时又想处理中文，在内存足够的条件下，那么同时运行 Windows 是一个不错的选择。

（5）在 VMware 的窗口上，模拟了打开虚拟机电源、关闭虚拟机电源以及复位键等，这些按钮的功能对于虚拟机来说，就如同虚拟机机箱上的按钮一样。如果你的客户机的操作系统是 Windows ，在运行过程中非正常关机或者 VMware 崩溃，下次启动 Windows 的时候，它会自动进行文件系统的检查与修复。

3. VMWare **的功能**

（1）客户支持。作为一个软件或网络服务商，客户可能使用各种各样的操作系统。使用 VMWare 有助于真实再现用户的工作环境，并且只需在一台机器上就可完成。

（2）软件开发。测试软件在各种平台上的运行情况。

（3）开发 Web 应用程序。目前，在 Linux 下进行 Web 以及数据库开发十分普遍，但是完全在 Linux 下进行开发并不方便，首先是很多用户习惯于使用 UltraEdit 一类的 Windows 编辑软件，其次，在 Linux 环境中一般使用 NETSCAPE 等浏览器，无法真实反映大部分用户使用 IE 的情况。因此，使用 VMWare 可以让一台机器变成一个局域网，在 Linux 上运行后台的 HTTPD 服务器以及数据库，在 Windows 上进行源程序编辑以及用户端测试，两者之间可以通过标准的 TCP/IP 协议进行通信。

VMware 是一个具有创新意义的应用程序，通过 VMware 独特的虚拟功能，可以在同一个窗口运行多个全功能的虚拟机操作系统。

六、学习活动检查与评价（如下表所示）

学习活动一检查与评价

评价要点		自评	互评	教师评
专业知识点	了解 VMware 虚拟机			
	理解 VMware 虚拟机特点			
	理解 VMware 虚拟机作用			
专业实训能力	会安装 VMware 虚拟机			

说明：评价分为四个等级，分别为优、良、一般、差，其中教师评价为总评结果。

七、学习活动实训报告

____________实训报告

专业：____________

姓名：____________

学号：____________

日期：____________

组号		组长	
实训名称			
成绩			

一、实训目的

二、实训步骤（具体过程）

三、实训结论

四、小结

学习活动二　安装网络系统平台

【学习目标】

会在虚拟机环境中安装 Windows Server 2003 网络操作系统，并对常规设置进行配置。

【学习重点】

安装 Windows Server 2003 网络操作系统、配置 Windows Server 2003 常规选项。

【学习过程】

一、学习活动背景

网络的发展和应用已经遍及各个领域，特别是企、事业单位，学校等。如何为一个局域网中的每台计算机安装网络操作系统是网络管理人员需要考虑的问题。

二、学习活动描述

Windows Server 2003 有标准版、企业版、数据中心版、Web 版 4 个版本，各有自己的特性，支持不同的硬件设备，根据不同特性提供不同的网络服务。

三、学习活动要求

在虚拟机安装 Windows Server 2003 网络操作系统。

四、学习活动实施

安装 Windows Server 2003 操作步骤如下：

（1）如图 1－2－1 所示，双击运行 VMware Workstation，选中第一个选项，然后单击“OK”按钮。

（2）如图 1－2－2 所示，在弹出的 VMware Workstation 使用界面中，单击选中“New Virtual Machine”按钮，创建一个虚拟机。

（3）弹出安装向导，单击“下一步”按钮，如图 1－2－3 所示。

（4）选中“Typical”选项，然后单击“下一步”按钮，如图 1－2－4 所示。

（5）单击“Version”下拉列表，选中要安装的系统版本 Windows Server 2003 Standard Edition（本活动以 Windows Server 2003 Standard Edition 为例），然后单击“下一步”按钮，如图 1－2－5 所示。

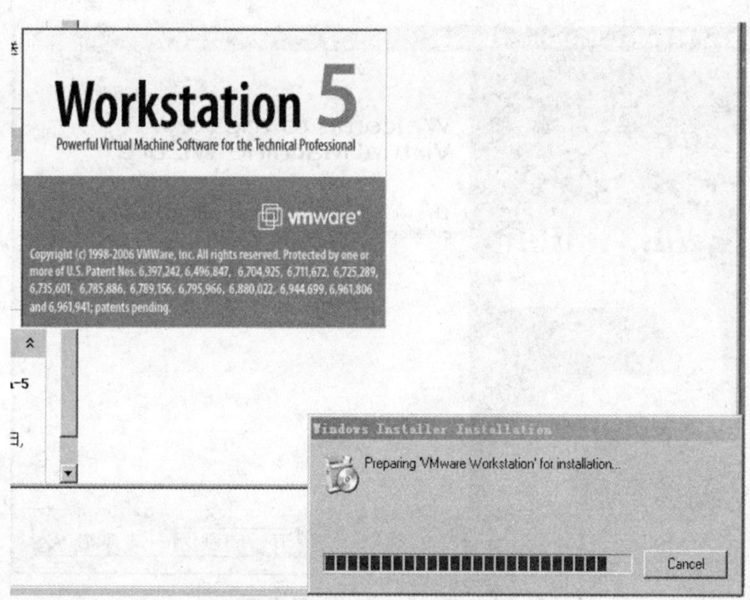

图 1-2-1 启动虚拟机界面

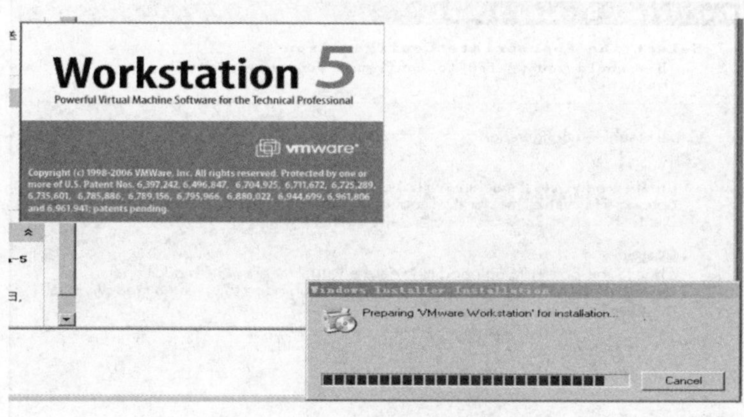

图 1-2-2 新建虚拟机界面

小贴士：

Guest Operating System：客户机操作系统。

Microsoft Windows：微软公司开发的系列 Windows 操作系统。

Linux：Linux 操作系统。Linux 是一套免费使用和自由传播的类 Unix 操作系统，它主要用于基于 Intel x86 系列 CPU 的计算机上。这个系统是由世界各地的成千上万的程序员设计和实现的。其目的是建立不受任何商品化软件的版权制约的、全世界都能自由使用的 Unix 兼容产品。

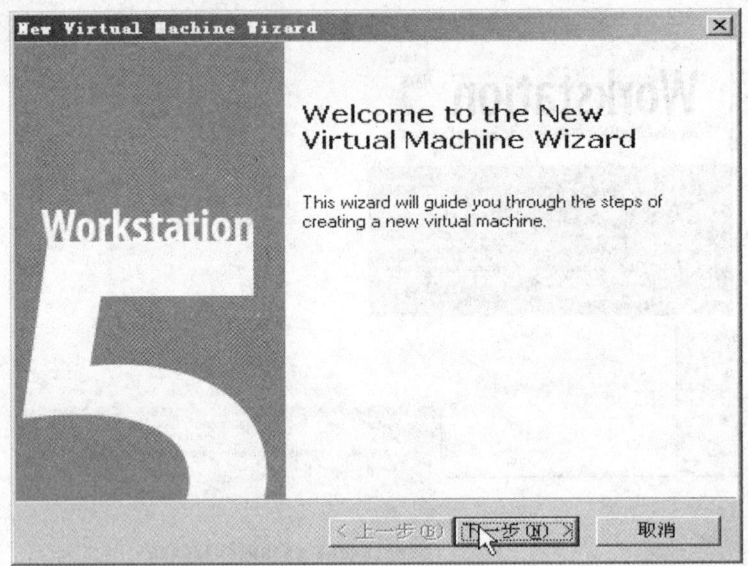

图1-2-3　安装向导界面

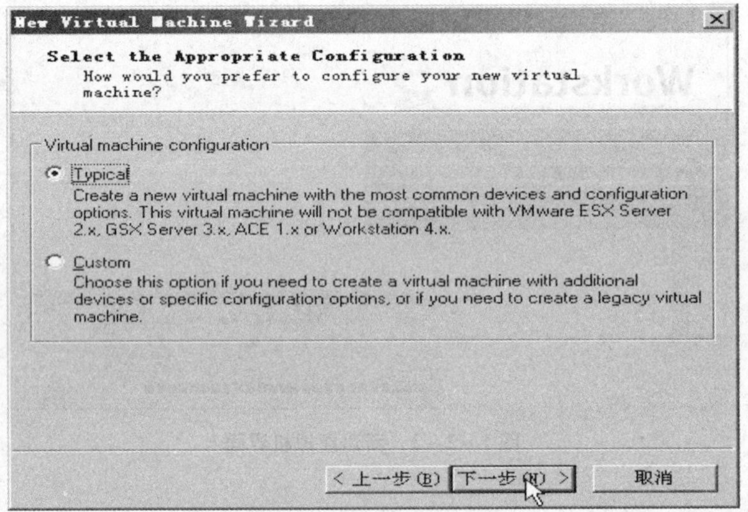

图1-2-4　虚拟机配置界面

Novell Netware：NOVELL公司开发的Novell Netware网络操作系统。它是一个可使PC机网络取代小型机系统的多任务网络操作系统，以一流的性能和可靠性遥遥领先于其他局域网软件产品，开创了工作站/服务器的结构。

Sun Solaris：Solaris是Sun Microsystems研发的计算机操作系统。它被认为是Unix操作系统的衍生版本之一。2005年6月4日，Sun公司将正在开发中的Solaris 66的源代码以CDDL许可开放，这一开放版本就是OpenSolaris。

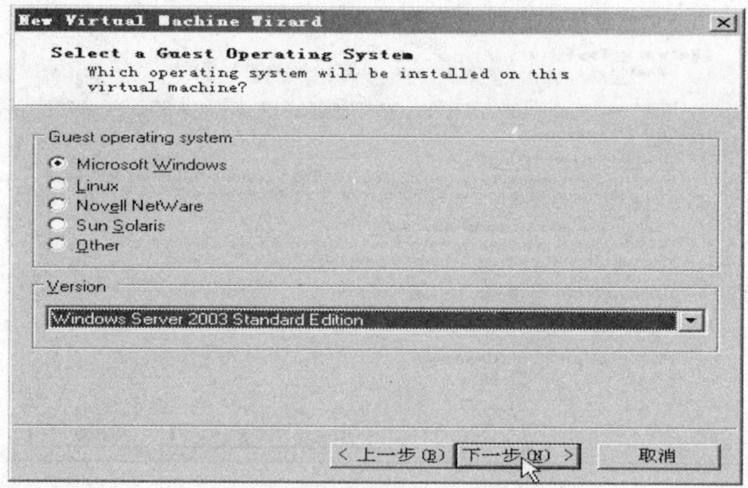

图 1－2－5　选择安装系统界面

（6）在“Virtual machine name”文本框中输入该系统名称“Windows 2003”，在“Location”文本框中选择该系统的安装路径，然后单击“下一步”按钮，如图1－2－6所示。

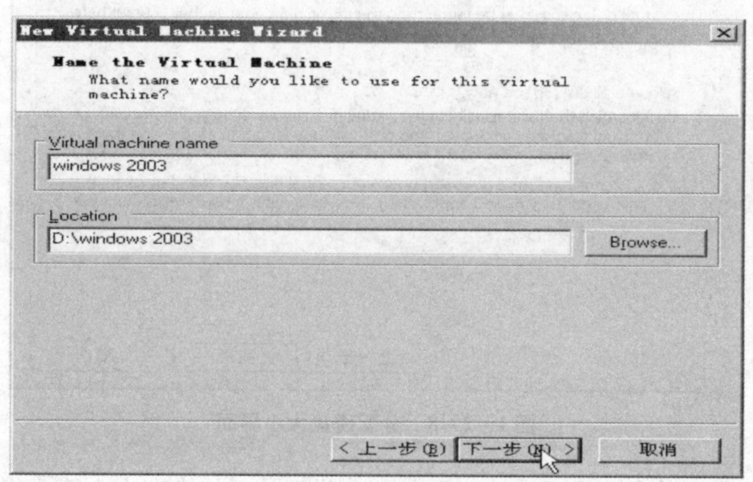

图 1－2－6　命名虚拟机界面

（7）选择网络连接方式，选择默认的第一个选项（桥接），然后单击“下一步”按钮，如图 1－2－7 所示。

（8）设置该系统硬盘大小，然后单击“完成”按钮，如图 1－2－8 所示。

（9）弹出显示该系统虚拟硬件的界面，单击“Edit virtual machine settings”按钮，则可对该系统的虚拟硬件进行设置，如图 1－2－9 所示。

（10）现在可分别单击选中各虚拟硬件设备，进行分别配置，如图 1－2－10 所示。

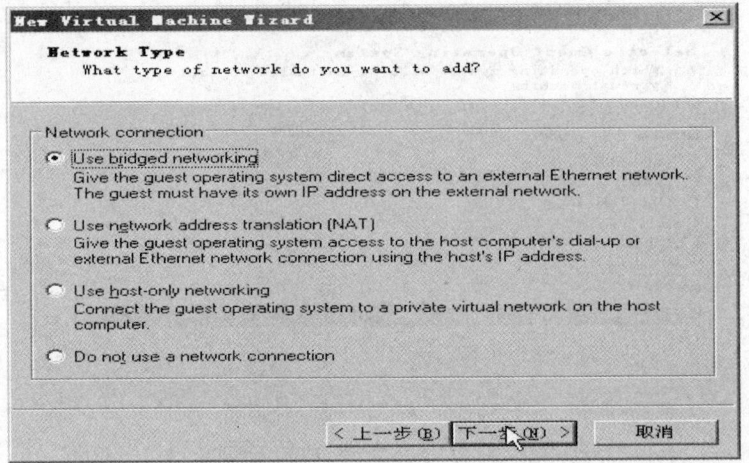

图 1－2－7　选择网络连接界面

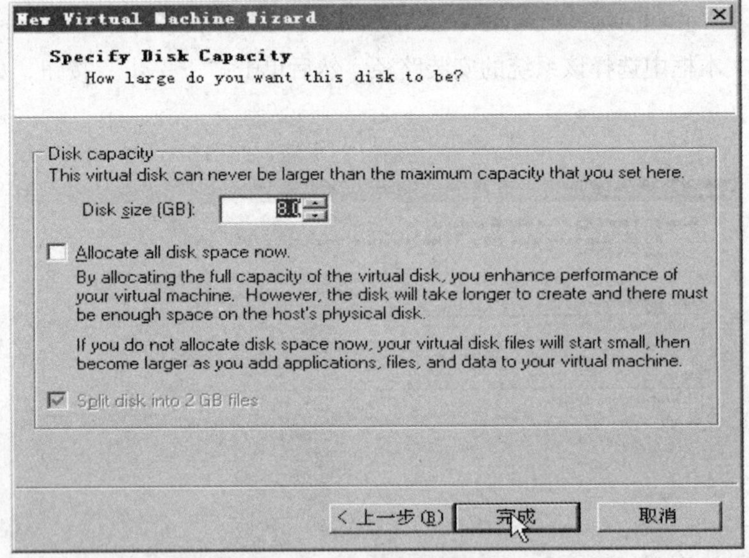

图 1－2－8　分配磁盘大小界面

（11）比如，单击选择“Memory”按钮，设置该系统内存大小等。若想删除某些硬件，则可以单击该硬件，再单击“Remove”按钮，就可以去掉该硬件，若想添加硬件设备，则可单击“ADD”按钮选择要添加的硬件。设置完成后，单击“OK”按钮。

（12）设置完成后，回到原来界面。在光驱中放入 Windows Server 2003 的安装光盘。单击“Start this virtual machine”按钮，开始运行此虚拟机，安装该虚拟系统，如图 1－2－11、图 1－2－12 所示。

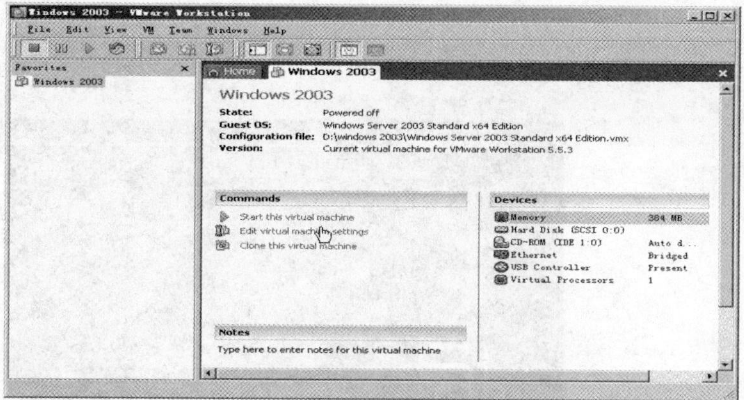

图 1－2－9　选择硬件界面

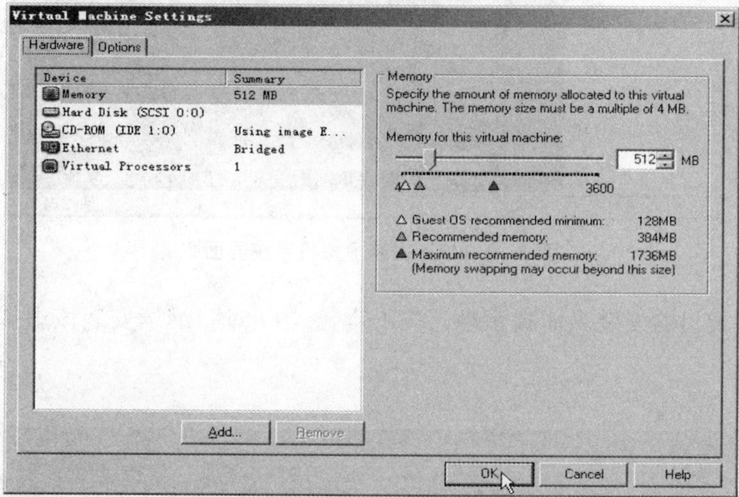

图 1－2－10　设置硬件界面

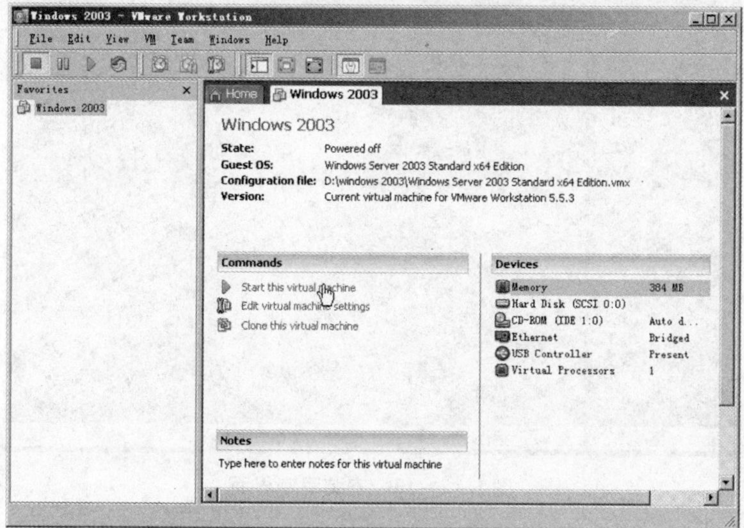

图 1－2－11　安装虚拟机系统界面 1

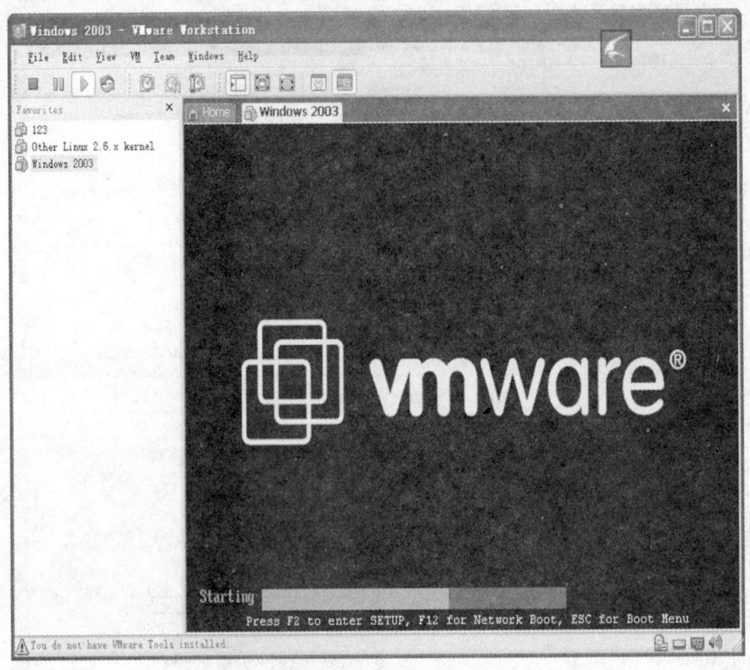

图 1-2-12 安装虚拟机系统界面 2

(13) 在弹出的安装界面提示中，按下键盘“Enter”继续安装该虚拟系统，如图 1-2-13所示。

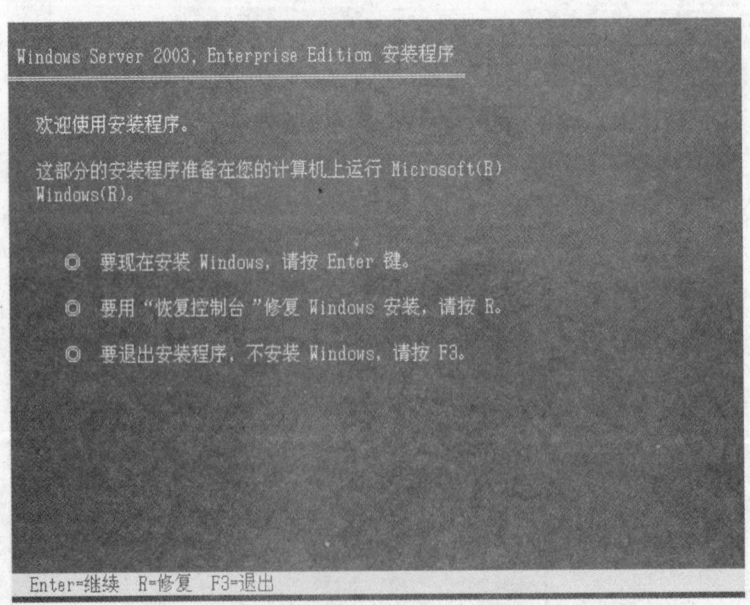

图 1-2-13 安装程序界面

（14）按下键盘“F8”键，同意安装协议，如图 1－2－14 所示。

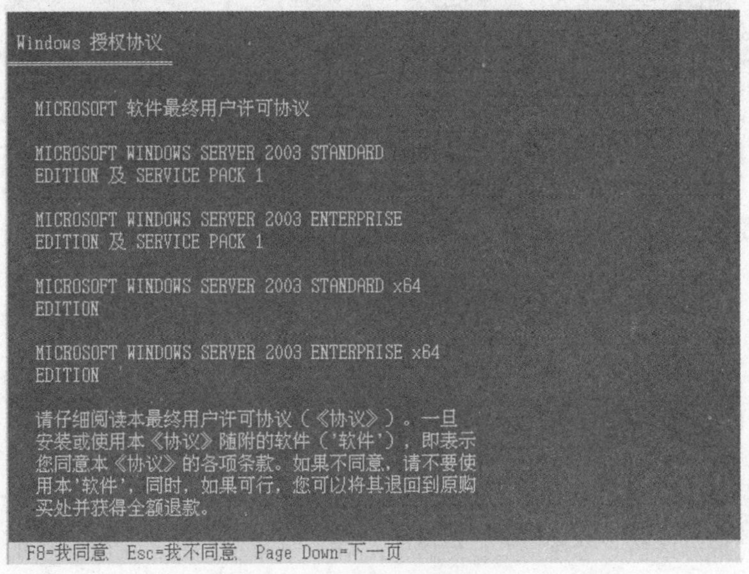

图 1－2－14　接受协议界面

（15）按下键盘“C”键，创建磁盘分区，并输入系统盘的容量，比如“5120”，确认后按“Enter”键继续分区，如图 1－2－15 所示。

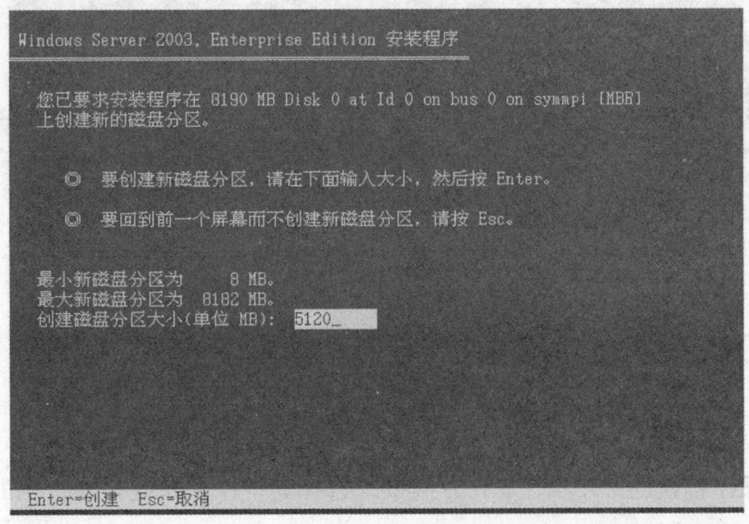

图 1－2－15　创建磁盘分区界面

（16）单击选中“未划分空间”，继续按下键盘“C”键，分配并输入该系统的第 2 个盘容量，比如“2000”，确认后按“Enter”键创建分区，如图 1－2－16 所示。如果想继续创建磁盘分区，则继续上一步的操作。

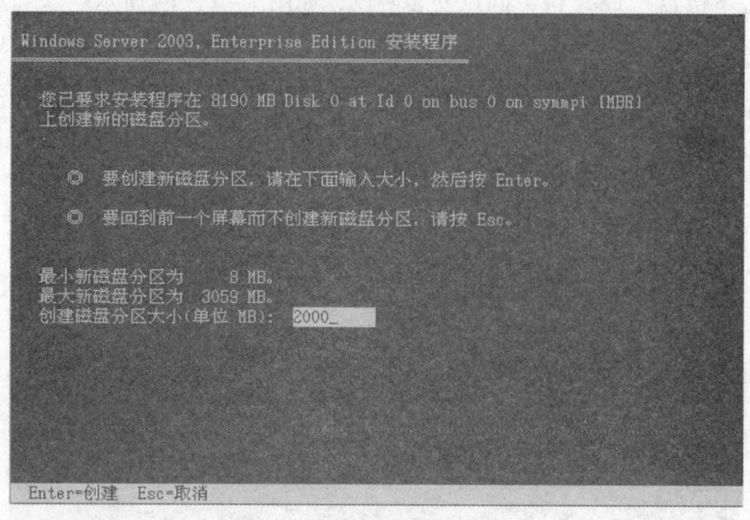

图 1-2-16　修改磁盘大小界面

（17）完成分区后，选中“C：分区 1”，按“Enter”键，在虚拟机的 C 盘上安装操作系统，如图 1-2-17 所示。

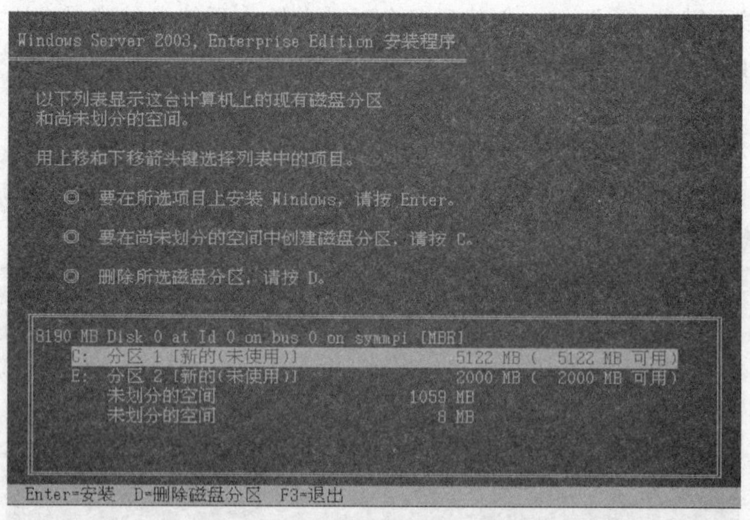

图 1-2-17　选择磁盘分区界面

（18）按下键盘的“↑”“↓”方向键，选择其中一种系统格式，比如“用 NTFS 文件系统格式化磁盘分区（快）”选项，按下“Enter”键，继续安装该虚拟系统，如图 1-2-18 所示。

（19）弹出“安装程序正在复制文件”界面，文件复制完后该虚拟系统会自动重启，如图 1-2-19 所示。

（20）重新启动后，进入该界面继续安装虚拟系统，如图 1-2-20 所示。

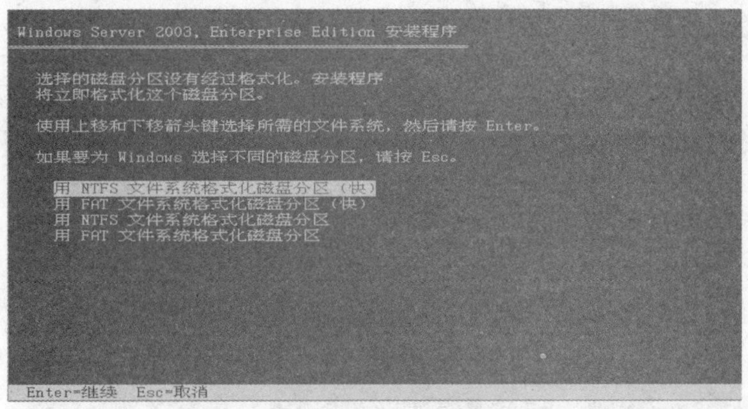

图 1－2－18　选择文件系统方式界面

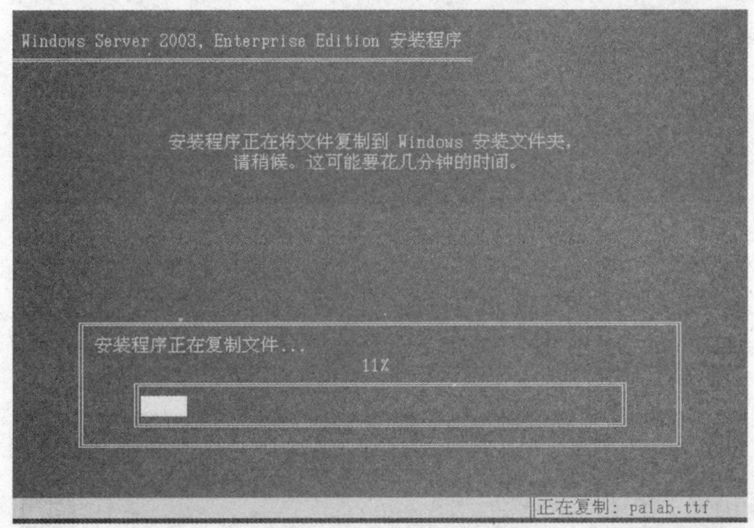

图 1－2－19　复制文件界面

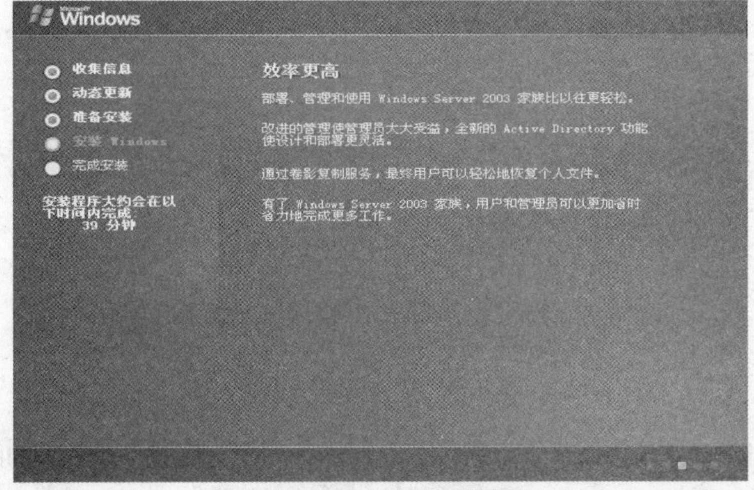

图 1－2－20　继续安装界面

（21）等待数分钟后，弹出“Windows 安装程序”窗口，单击“下一步”按钮，如图 1－2－21 所示。

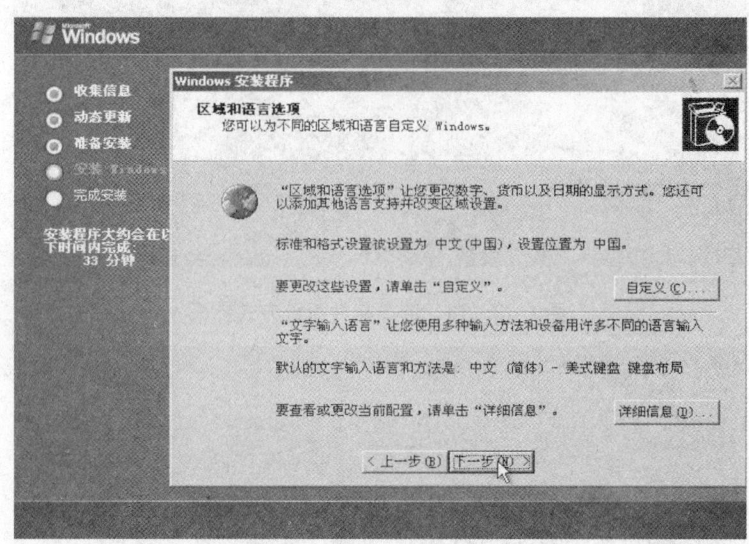

图 1－2－21　设置“区域和语言”界面

（22）输入名字和单位（此处可以自定义），确认后单击“下一步”按钮，如图 1－2－22所示。

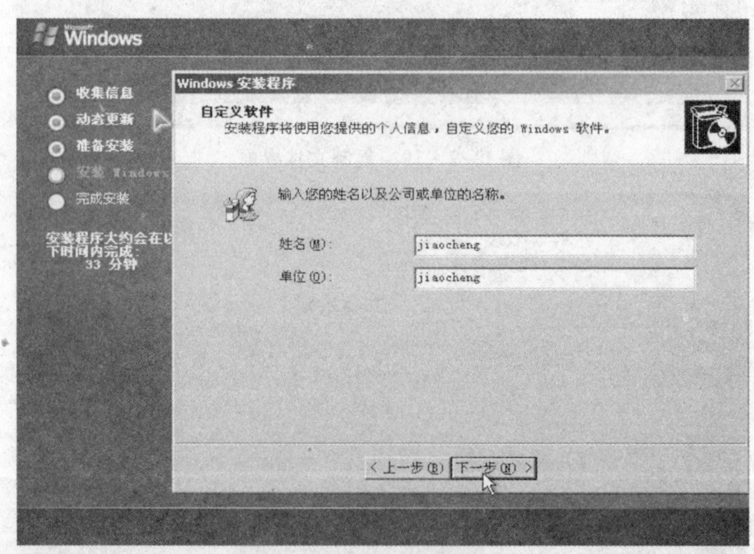

图 1－2－22　输入名字界面

（23）输入该虚拟操作系统的序列号，确认后单击“下一步”按钮，如图 1－2－23 所示。

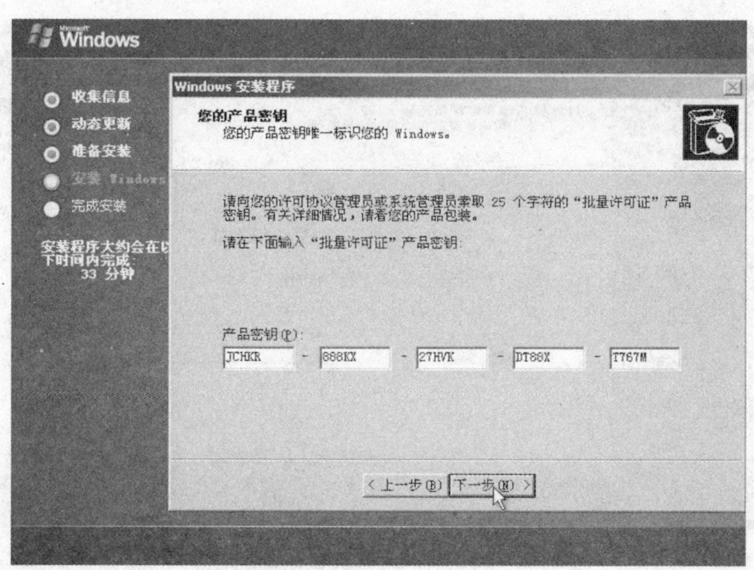

图 1－2－23　输入序列号界面

（24）输入可以同时连接该虚拟系统的用户数量，确认后单击“下一步”按钮，如图 1－2－24 所示。

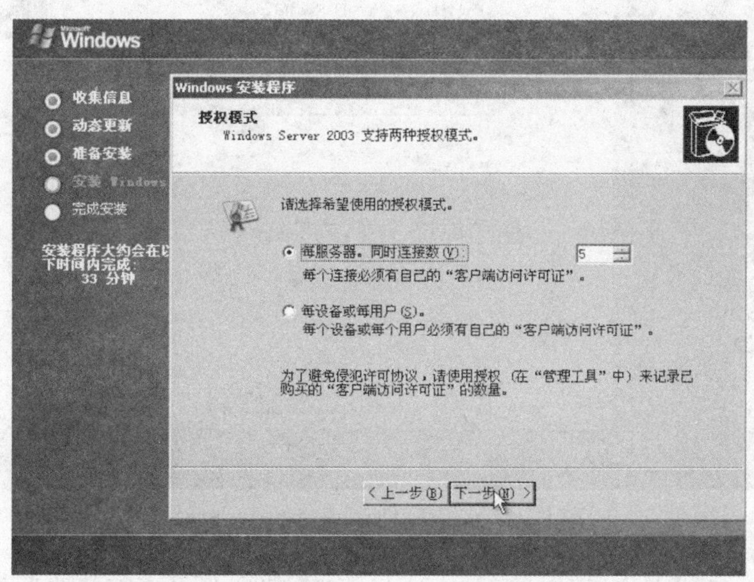

图 1－2－24　选择授权模式界面

（25）输入该系统的名称、密码（或者不输入也可以），确认后单击“下一步”按钮，如图 1－2－25 所示。

（26）设置该虚拟系统的时间和日期，确认后单击“下一步”按钮，如图 1－2－26 所示。

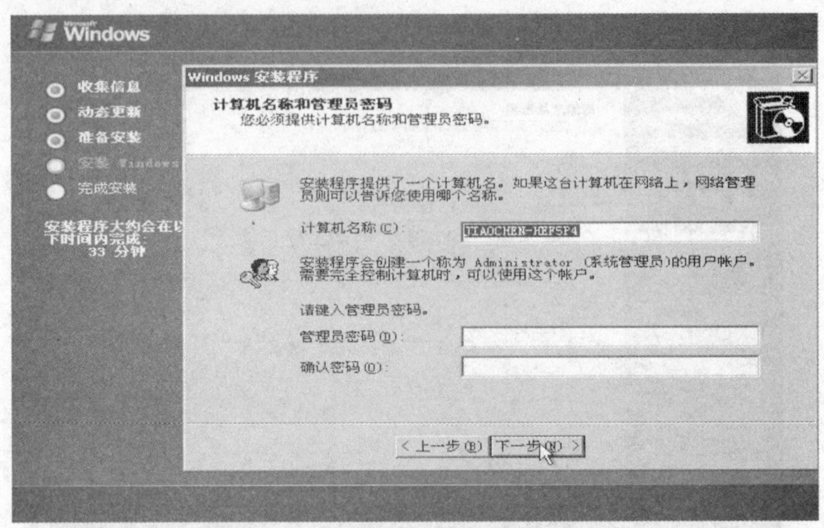

图 1－2－25　输入计算机名称和密码界面

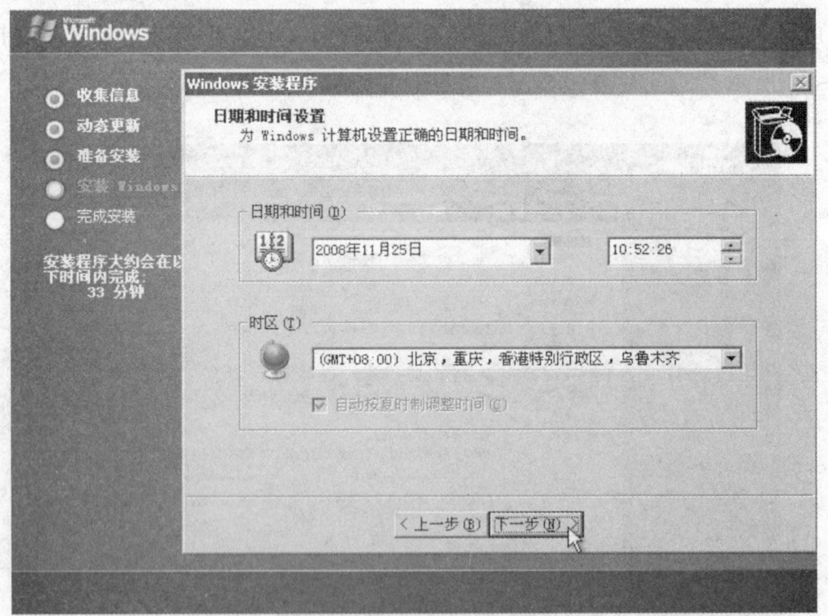

图 1－2－26　“日期和时间设置”界面

(27) 设置该虚拟系统的网络，选择“典型”，单击“下一步”按钮，如图 1－2－27所示。

(28) 输入该虚拟系统的工作组，确认后单击“下一步”按钮，如图 1－2－28 所示。

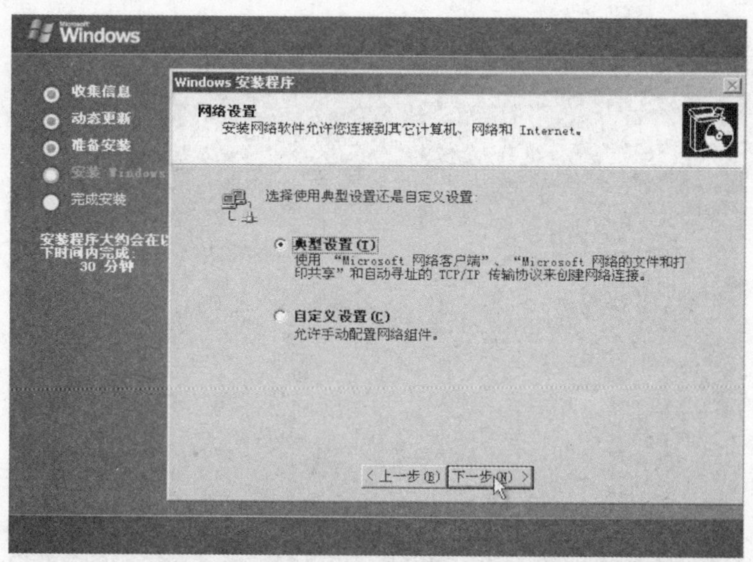

图 1-2-27 "网络设置"界面

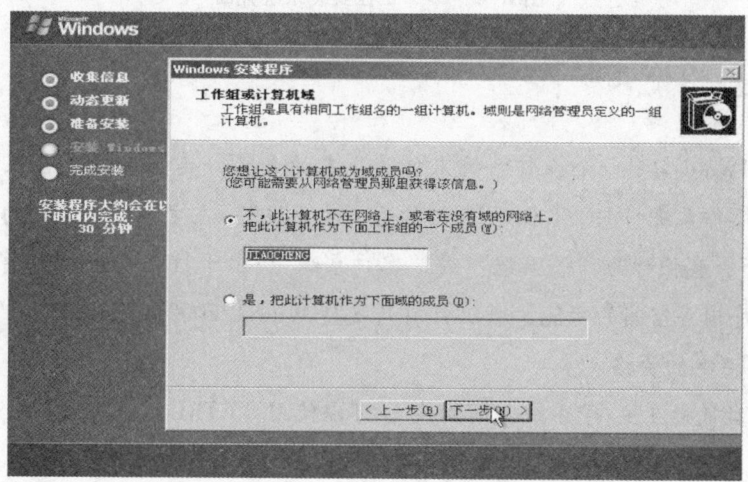

图 1-2-28 "工作组或计算机域"界面

小贴士:

从第 24 步至第 28 步的设置，可以暂时不进行设置。等虚拟操作系统安装好了以后，再进系统内设置也可以。

(29) 完成以上设置后，就进入最后的安装了，如图 1-2-29 所示。

(30) 若干分钟后，就成功安装了一个虚拟操作系统 Windows Server 2003。

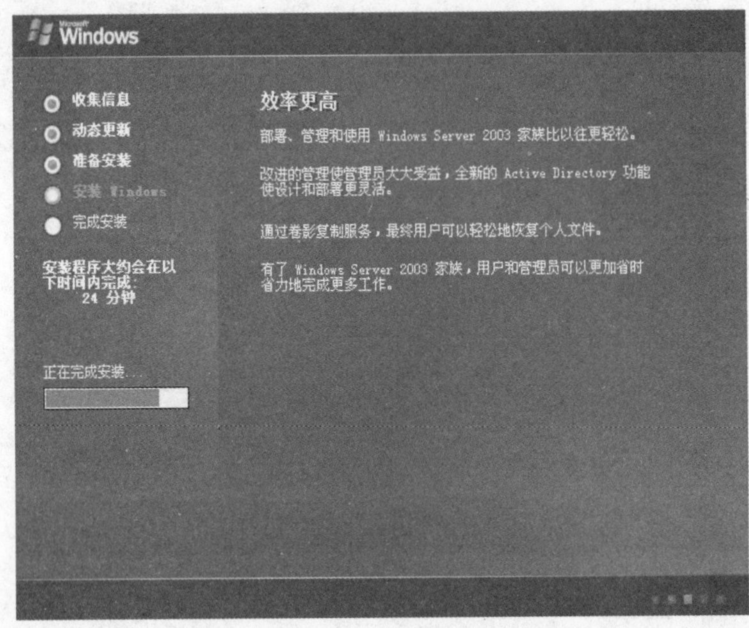

图 1-2-29　正在安装系统界面

小贴士：

（1）VMWare 需要一个操作系统来作最基本的平台，其他系统在它上面运行。作平台的这个操作系统叫 HOST OS，我们称为“主系统”；在主系统上运行的其他系统都叫 GUEST OS，我们称为“子系统”或“客户系统”。由于 HOST OS 必须要稳定，并有独立应用程序内存空间的功能，所以目前只支持 WinNT/2000/Linux 作主系统，WIN9X 没有当 HOST OS 的资格。

（2）键盘鼠标在主/子系统之间切换：可以使用“CTRL + ALT”在主/子系统之间进行切换。

五、预备知识

（一）网络连接知识简介

1. 网络连接方式

（1）Use Bridged Networking：指使用桥接网络。桥接网络使用主机的以太网卡连接到一个虚拟机。在创建虚拟机时选择 Use Bridged Networking（使用桥接网络）或 Typical 时，桥接网络会被自动配置。使用桥接网络，虚拟机可以访问网络上的其他机器并且也可以被其他机器访问，就好像虚拟机是网络上的一台物理计算机一样。

（2）Use NAT：指使用网络地址转换，通过 IP 地址访问 Host 主机。它被广泛应用于各种类型 Internet 接入方式和各种类型的网络中。原因很简单，NAT 不仅完美地解决了 IP 地址不足的问题，而且还能够有效地避免来自网络外部的攻击，隐藏并保护网络内部的计算机。

（3）Use Host - only Networking：适用于未安装网卡的机器或者希望虚拟机仅与 Host 主机通信的情况下。

Do Not Use A Network Connection：代表不使用网络连接。

2. VMware 3 种网络模式的功能和通信规则

（1）VMnet 0：用于虚拟桥接网络下的虚拟交换机。

（2）VMnet 1：用于虚拟 Host - Only 网络下的虚拟交换机。

（3）VMnet 8：用于虚拟 NAT 网络下的虚拟交换机。

VMware Network Adepter VMnet1：Host 用于与 Host - Only 虚拟网络进行通信的虚拟网卡。

VMware Network Adepter VMnet8：Host 用于与 NAT 虚拟网络进行通信的虚拟网卡。

安装了 VMware 虚拟机后，会在网络连接对话框中多出两个虚拟网卡，如图 1 - 2 - 30所示。

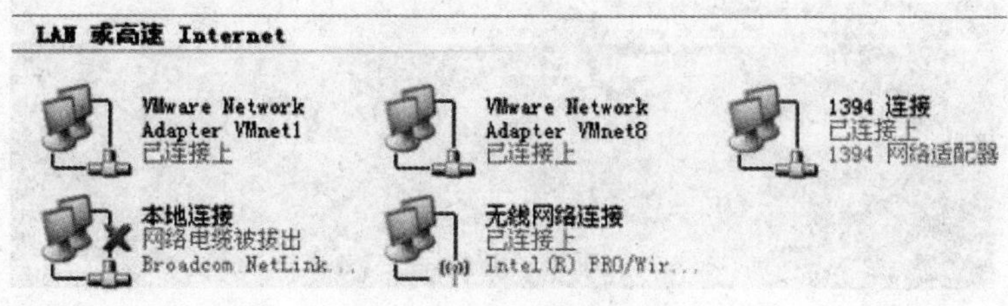

图 1 - 2 - 30　网络连接

3. 桥接网络（Bridged Networking）模式

桥接网络是指本地物理网卡和虚拟网卡通过 VMnet 0 虚拟交换机进行桥接，物理网卡和虚拟网卡在拓扑图上处于同等地位（虚拟网卡既不是 Adepter VMnet 1 也不是 Adepter VMnet 8）（如图 1 - 2 - 31 所示）。

那么，物理网卡和虚拟网卡就相当于处于同一个网段，虚拟交换机就相当于一台现实网络中的交换机。所以两个网卡的 IP 地址也要设置为同一网段（如图 1 - 2 - 32、图 1 - 2 - 33 所示）。

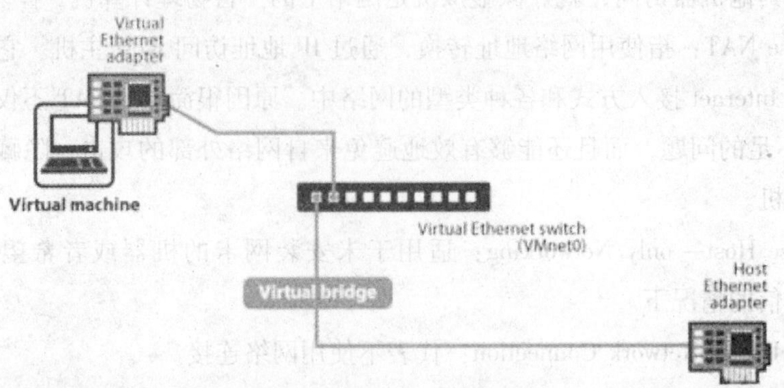

图 1－2－31　桥接网络拓扑

```
C:\WINDOWS\system32\cmd.exe
        Description . . . . . . . . . . . : Intel(R) PRO/Wirel
k Connection
        Physical Address. . . . . . . . . : 00-1B-77-4B-F7-78
        Dhcp Enabled. . . . . . . . . . . : Yes
        Autoconfiguration Enabled . . . . : Yes
        IP Address. . . . . . . . . . . . : 192.168.15.111
        Subnet Mask . . . . . . . . . . . : 255.255.240.0
```

图 1－2－32　物理网卡 IP 地址

```
C:\WINNT\system32\cmd.exe
Windows 2000 IP Configuration

Ethernet adapter 本地连接:

        Connection-specific DNS Suffix  . :
        IP Address. . . . . . . . . . . . : 192.168.15.96
        Subnet Mask . . . . . . . . . . . : 255.255.240.0
```

图 1－2－33　虚拟网卡 IP 地址

我们看到，物理网卡和虚拟网卡的 IP 地址处于同一个网段，子网掩码、网关、DNS 等参数都相同。两个网卡在拓扑结构中是相对独立的。

我们在 192.168.15.111 上 ping192.168.15.96，结果显示两个网卡能够互相通信（如图 1－2－34 所示）。如果在网络中存在 DHCP 服务器，那么虚拟网卡同样可以从 DHCP 服务器上获取 IP 地址。所以桥接网络模式是 VMware 虚拟机中最简单直接的模式。安装虚拟机时它为默认选项。

4. NAT 网络模式

在 NAT 网络中，会用到 VMware Network Adepter VMnet 8 虚拟网卡，主机上的 VMware Network Adepter VMnet 8 虚拟网卡被直接连接到 VMnet 8 虚拟交换机上与虚拟网卡

```
C:\WINDOWS\system32\cmd.exe

C:\Documents and Settings\sbbdemise>ping 192.168.15.96

Pinging 192.168.15.96 with 32 bytes of data:

Reply from 192.168.15.96: bytes=32 time<1ms TTL=128
Reply from 192.168.15.96: bytes=32 time<1ms TTL=128
Reply from 192.168.15.96: bytes=32 time<1ms TTL=128
Reply from 192.168.15.96: bytes=32 time<1ms TTL=128

Ping statistics for 192.168.15.96:
    Packets: Sent = 4, Received = 4, Lost = 0 (0% loss),
Approximate round trip times in milli-seconds:
    Minimum = 0ms, Maximum = 0ms, Average = 0ms
```

图 1－2－34　ping 结果

进行通信（如图 1－2－35 所示）。

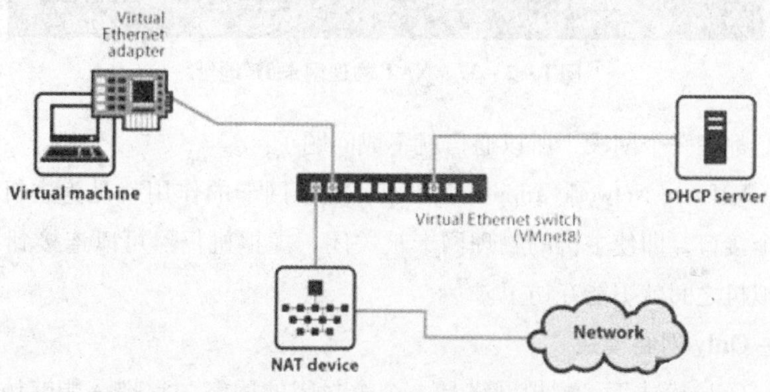

图 1－2－35　NAT 网络模式

VMware Network Adepter VMnet 8 虚拟网卡的作用仅限于和 VMnet 8 网段进行通信，它不给 VMnet 8 网段提供路由功能，所以虚拟机虚拟一个 NAT 服务器，使虚拟网卡可以连接到 Internet。在这种情况下，我们就可以使用端口映射功能，让访问主机 80 端口的请求映射到虚拟机的 80 端口上。

VMware Network Adepter VMnet 8 虚拟网卡的 IP 地址是在安装 VMware 时由系统指定生成的，我们不要修改这个数值，否则会使主机和虚拟机无法通信。NAT 虚拟网卡 IP 地址如图 1－2－36 所示，物理网卡 IP 地址，如图 1－2－37 所示。

虚拟出来的网段和 NAT 模式虚拟网卡的网段是一样的，都为 192. 168. 111. X，包括 NAT 服务器的 IP 地址也是这个网段。在安装 VMware 之后同样会生成一个虚拟 DHCP 服务器，为 NAT 服务器分配 IP 地址。

当主机和虚拟机进行通信的时候就会调用 VMware Network Adepter VMnet 8 虚拟网

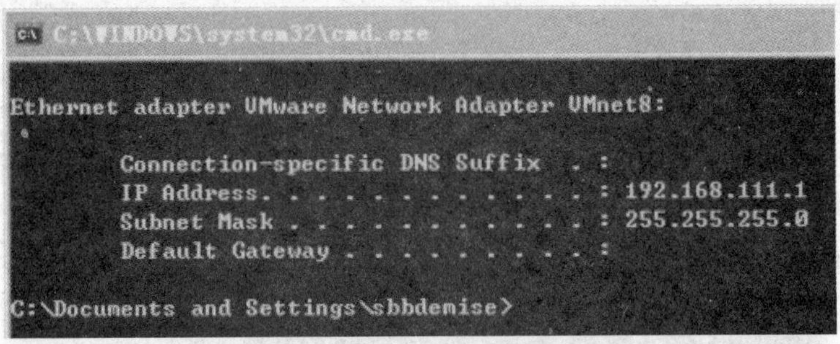

```
C:\WINDOWS\system32\cmd.exe

Ethernet adapter VMware Network Adapter VMnet8:

        Connection-specific DNS Suffix  . :
        IP Address. . . . . . . . . . . . : 192.168.111.1
        Subnet Mask . . . . . . . . . . . : 255.255.255.0
        Default Gateway . . . . . . . . . :

C:\Documents and Settings\sbbdemise>
```

图 1-2-36　NAT 虚拟网卡 IP 地址

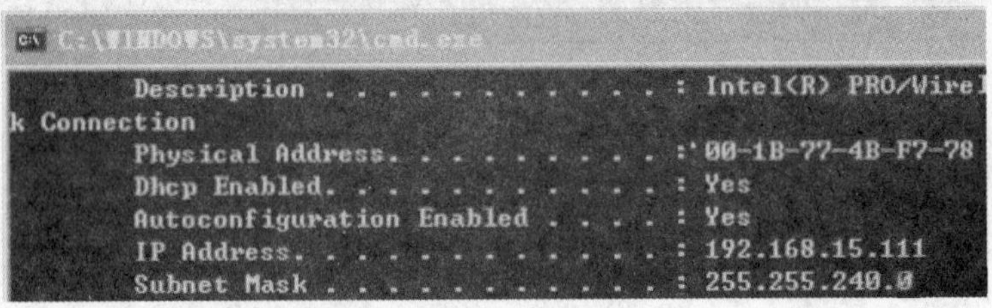

```
C:\WINDOWS\system32\cmd.exe
        Description . . . . . . . . . . . : Intel(R) PRO/Wirel
k Connection
        Physical Address. . . . . . . . . : 00-1B-77-4B-F7-78
        Dhcp Enabled. . . . . . . . . . . : Yes
        Autoconfiguration Enabled . . . . : Yes
        IP Address. . . . . . . . . . . . : 192.168.15.111
        Subnet Mask . . . . . . . . . . . : 255.255.240.0
```

图 1-2-37　NAT 物理网卡 IP 地址

卡，因为他们都在一个网段，所以通信就不成问题了。

实际上，VMware Network Adepter VMnet 8 虚拟网卡的作用就是为主机和虚拟机的通信提供一个接口，即使主机的物理网卡被关闭，虚拟机仍然可以连接到 Internet，但是主机和虚拟机之间就不能互访了。

5. Host - Only 网络模式

在 Host - Only 模式下，虚拟网络是一个全封闭的网络，它唯一能够访问的就是主机（如图 1 - 2 - 38 所示）。其实 Host - Only 网络和 NAT 网络很相似，不同的地方就是 Host - Only 网络没有 NAT 服务，所以虚拟网络不能连接到 Internet。主机和虚拟机之间的通信是通过 VMware Network Adepter VMnet 1 虚拟网卡来实现的。

同 NAT 一样，VMware Network Adepter VMnet 1 虚拟网卡的 IP 地址也是 VMware 系统指定的，同时生成的虚拟 DHCP 服务器和虚拟网卡的 IP 地址位于同一网段，但和物理网卡的 IP 地址不在同一网段（如图 1 - 2 - 39、图 1 - 2 - 40 所示）。

Host - Only 的宗旨就是建立一个与外界隔绝的内部网络，来提高内网的安全性。这个功能或许对普通用户来说没有多大意义，但大型服务商会常常利用这个功能。如果你想为 VMnet 1 网段提供路由功能，那就需要使用 RRAS，而不能使用 XP 或 2000 的 ICS，因为 ICS 会把内网的 IP 地址改为 192. 168. 0. 1，但虚拟机是不会给 VMnet 1 虚拟网卡分配这个地址的，那么主机和虚拟机之间就不能通信了。

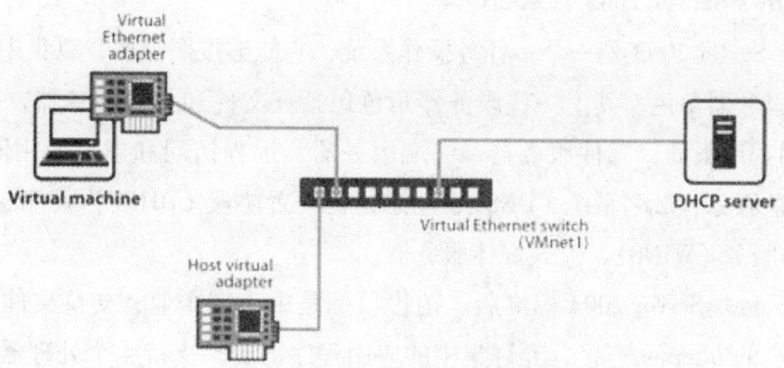

图 1－2－38 Host－Only 模式

```
C:\WINDOWS\system32\cmd.exe
Ethernet adapter VMware Network Adapter VMnet1:

        Connection-specific DNS Suffix  . :
        IP Address. . . . . . . . . . . . : 192.168.247.1
        Subnet Mask . . . . . . . . . . . : 255.255.255.0
        Default Gateway . . . . . . . . . :
```

图 1－2－39 Host－Only 虚拟网卡 IP 地址

```
C:\WINDOWS\system32\cmd.exe
        Description . . . . . . . . . . . : Intel(R) PRO/Wirel
k Connection
        Physical Address. . . . . . . . . : 00-1B-77-4B-F7-78
        Dhcp Enabled. . . . . . . . . . . : Yes
        Autoconfiguration Enabled . . . . : Yes
        IP Address. . . . . . . . . . . . : 192.168.15.111
        Subnet Mask . . . . . . . . . . . : 255.255.240.0
```

图 1－2－40 Host－Only 物理网卡 IP 地址

（二）Windows Server 2003 知识简介

1. NTFS 文件系统

NTFS 提供长文件名、数据保护和恢复，并通过目录和文件许可实现安全性。NTFS 支持大硬盘和在多个硬盘上存储文件（称为卷）。NTFS 采用了更小的簇，可以更有效率地管理磁盘空间。在 NTFS 分区上，可以为共享资源、文件夹以及文件设置访问许可权限。许可的设置包括两方面的内容：一是允许哪些组或用户对文件夹、文件和共享资源进行访问；二是获得访问许可的组或用户可以进行什么级别的访问。访问许可权限的设置不但适用于本地计算机的用户，同样也应用于通过网络的共享文件夹对文件进行访问的网络用户。

2. Windows Server 2003 基本知识

Windows Server 2003 是一个多任务操作系统，它能够按照需要，以集中或分布的方式处理各种服务器角色。其中一些服务器角色包括：文件和打印服务器，Web 服务器和 Web 应用程序服务，邮件服务器，终端服务器，远程访问和虚拟专用网络（VPN）服务器，目录服务、域名系统（DNS）、动态主机配置协议（DHCP）服务器和 Windows Internet 命名服务（WINS），流式媒体服务器。

（1）Windows Server 2003 标准版。销售目标是中小型企业，支持文件和打印机共享，提供安全的 Internet 连接，允许集中的应用程序部署。支持 4 个处理器；最低支持 256MB 的内存，最高支持 4GB 的内存。

（2）Windows Server 2003 企业版。Windows Server 2003 企业版与 Windows Server 2003 标准版的主要区别在于：Windows Server 2003 企业版支持高性能服务器，并且可以群集服务器，以便处理更大的负荷。通过这些功能实现了可靠性，有助于确保系统即使在出现问题时仍可用。在一个系统或分区中最多支持八个处理器，八节点群集，最高支持 32GB 的内存。

（3）Windows Server 2003 Web 版。用于构建和存放 Web 应用程序、网页和 XML Web Services。它主要使用 IIS 6. 0 Web 服务器并提供快速开发和部署使用 ASP. NET 技术的 XML Web Services 和应用程序。支持双处理器，最低支持 256MB 的内存，它最高支持 2GB 的内存。

（4）Windows Server 2003 数据中心版。针对要求最高级别的可伸缩性、可用性和可靠性的大型企业或国家机构等而设计的。它是最强大的服务器操作系统，分为 32 位版与 64 位版。32 位版支持 32 个处理器，支持 8 点集群；最低要求 128M 内存，最高支持 512GB 的内存。64 位版支持 Itanium 和 Itanium 2 两种处理器，支持 64 个处理器与支持 8 点集群；最低支持 1GB 的内存，最高支持 512GB 的内存。

六、学习活动检查与评价（如下表所示）

学习活动二检查与评价

评价要点		自评	互评	教师评
专业知识点	了解 VMware 虚拟机的三种网络连接			
	理解 NTFS 文件系统			
	了解 Windows Server 2003 基本知识			
专业实训能力	会在 VMware 虚拟机中安装 Windows Server 2003			

说明：评价分为四个等级，分别为优、良、一般、差，其中教师评价为总评结果。

七、学习活动实训报告

____________实训报告

专业：____________________

姓名：____________________

学号：____________________

日期：____________________

组号		组长	
实训名称			
成绩			

一、实训目的

二、实训步骤（具体过程）

三、实训结论

四、小结

学习活动三 搭建 DHCP 服务

【学习目标】

知道 DHCP 服务器的作用，会安装 DHCP 服务器的组件。

【学习重点】

知道 DHCP 服务器的原理，安装 DHCP 服务器的组件。

【学习过程】

一、学习活动背景

在一个局域网中每一台计算机都必须至少有一个 IP 地址，才能与其他计算机连接通信。如何快速为每一台配置一个 IP 地址，是网络管理员解决的问题。

二、学习活动描述

DHCP 服务不是 Windows Server 2003 操作系统默认的安装组件，因此在安装、配置 DHCP 服务器之前，必须先安装 DHCP 服务。

三、学习活动要求

在 Windows Server 2003 系统上安装 DHCP 组件。

四、学习活动实施

安装 DHCP 服务操作步骤如下：

（1）单击“开始”按钮，如图 1－3－1 所示。

（2）单击“管理工具”，如图 1－3－2 所示。

（3）单击“管理您的服务器”，如图 1－3－3 所示。

（4）在“管理您的服务器”窗口中，单击“添加或删除角色”超链接，会弹出配置服务器的“预备步骤”，确认所列步骤已经完成后单击“下一步”按钮，如图 1－3－4所示。

（5）单击“下一步”按钮，如图 1－3－5 所示。

（6）选择“DHCP 服务器”选项，然后单击“下一步”按钮，如图 1－3－6 所示。

（7）在“选择总结”对话框中选择单击“下一步”，如图 1－3－7 所示。

（8）配置 DHCP 服务器，完成 DHCP 服务安装。

图 1-3-1 “开始”菜单界面

五、预备知识

在使用 TCP/IP 协议的网络中，每个主机都至少有一个 IP 地址。在网络中通常会存在 IP 地址数少于主机数的情况，如果使用静态 IP 地址，则会出现 IP 地址冲突的现象，这会给网络管理带来很大的麻烦。动态主机配置协议 DHCP（Dynamic Host Configuration Protocol）提供了动态分配 IP 地址的功能，能有效地减轻这方面的网络管理负担。

Windows 2003 中 DHCP 的新特性如下：

（1）DHCP 与 DNS 相集成。在 Windows 2003 中，DHCP 服务与 DNS 服务联系比在 Windows NT 4.0 中更为密切，DHCP 服务器不仅能够为其客户机注册和更新地址信息，还能够动态更新客户机在 DNS 中的名字空间。

（2）支持用户定义和服务商定义的选项类。Windows 2003 的 DHCP 提供了两种可选的类，即用户类（User Class）和供应商类（Vendor Class），可以使用类来为用户提

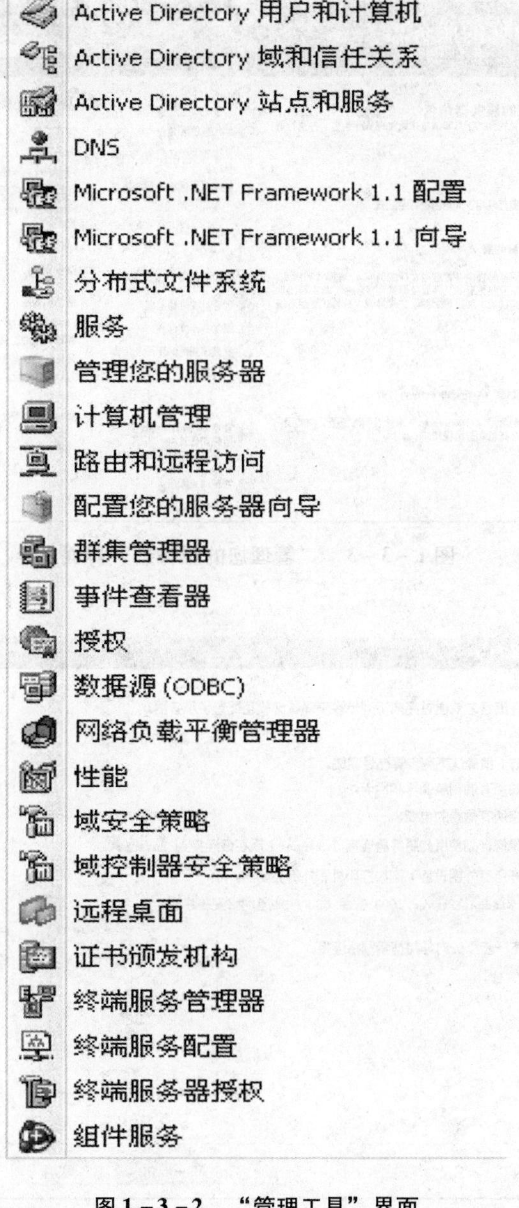

图 1-3-2 “管理工具”界面

供相应的配置信息。定义供应商类可以给不同供应商的 DHCP 客户机的分配数据；定义用户类可以为那些未使用供应商类的客户机分配数据。如果移动计算机用户分配较短租用期的 IP 地址，为台式计算机用户提供较长租用期的 IP 地址，则可以通过定义用户类或供应商类来实现。

（3）支持多重广播域、超级作用域。Windows 2003 中的 DHCP 提供了对多重广播地址（Multicast Address）的分配，多重广播地址允许 DHCP 工作站使用 D 类 IP 地址

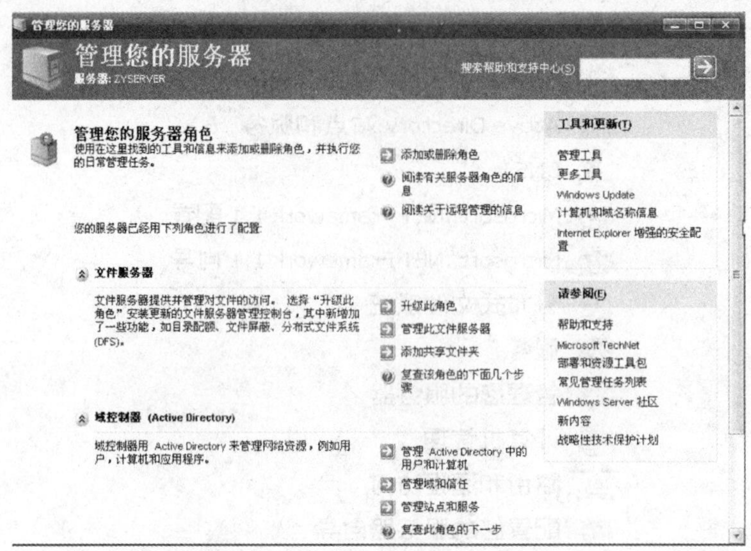

图 1－3－3　"管理您的服务器"界面

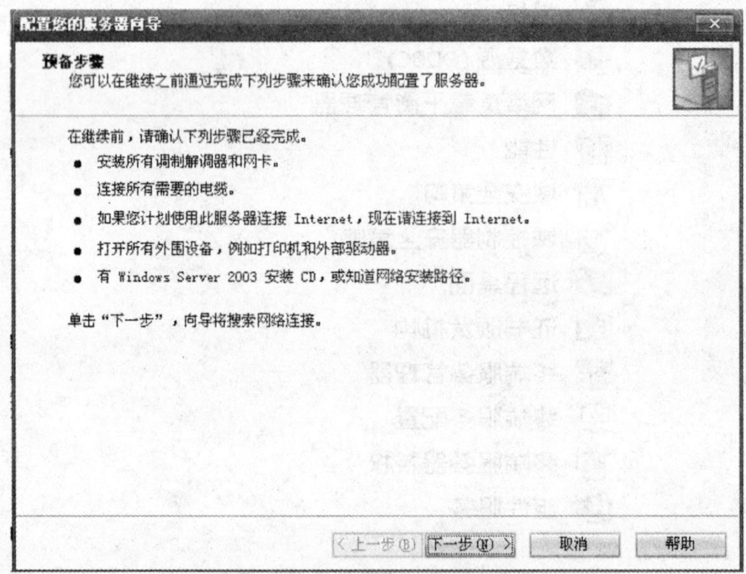

图 1－3－4　"预备步骤"界面

(224.0.0.0 ~ 239.255.255.255)，通常网络会议及视听应用程序均采用多重广播技术，它们需要用户配置多重广播地址。可以使用多重广播地址功能为指定计算机分配广播地址，而不像 IP 广播地址那样会被全网络的所有计算机接收到。超级作用域对创建成员范围的管理组非常有用，当用户想重新定义范围或扩展范围时不会干扰正在活动的范围。

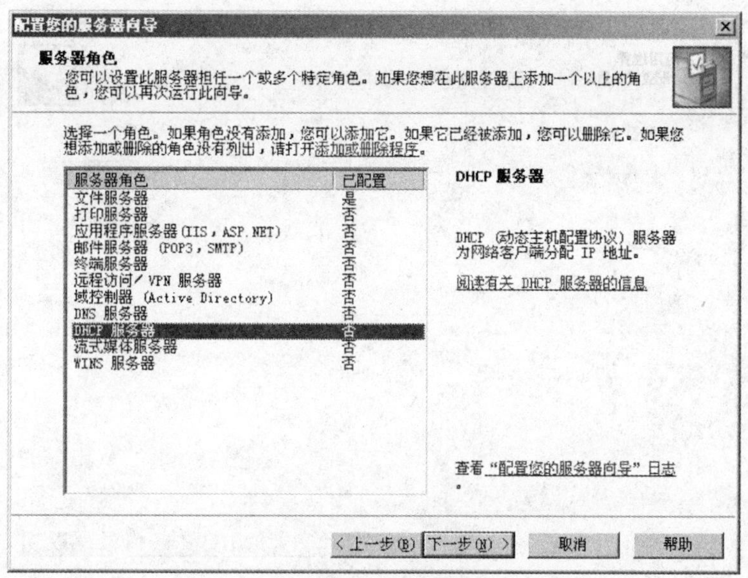

图 1-3-5　“服务器角色”界面

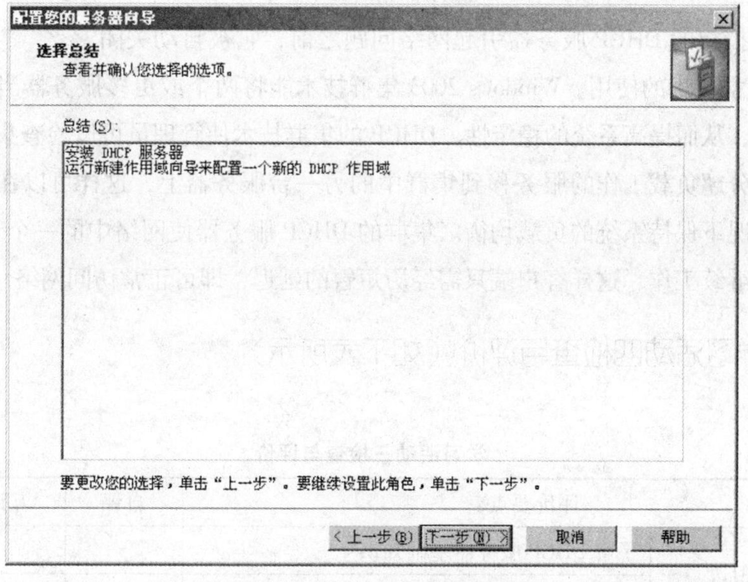

图 1-3-6　“选择总结”界面

（4）DHCP 服务器授权。在 Windows NT 4.0 网络中可能存在这样一个问题，某一用户创建了一台 DHCP 服务器，该服务器也可以为用户分配 IP 地址，这样就可能造成 IP 地址冲突。在 Windows 2003 中，任何 DHCP 服务器只有在被授权之后才能为客户分配 IP 地址，否则即使该服务器收到租用请求，也不能为客户机分配 IP 地址。因为 DHCP 客户机在启动时是通过网络广播来发现 DHCP 服务器的，Windows 2003 利用这一特

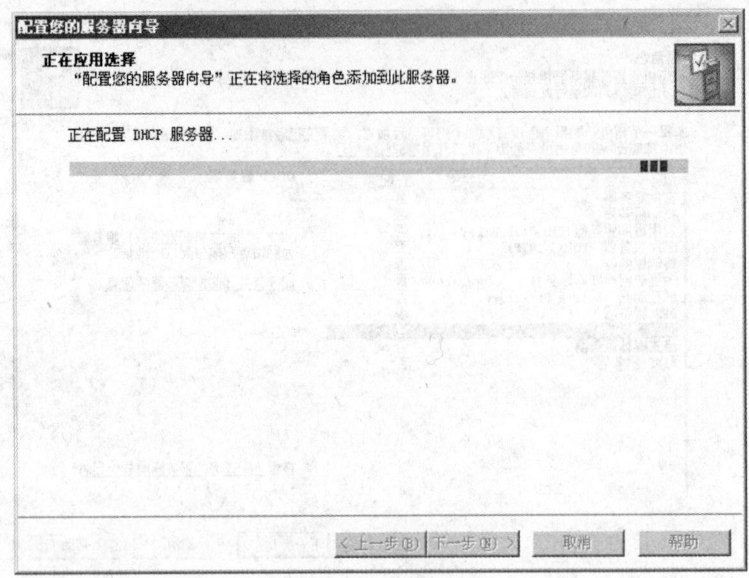

图 1－3－7 "正在应用选择"界面

性有效地阻止了未经授权的 DHCP 服务器加入到基于活动目录架构的 Windows 2003 网络中，在未授权的 DHCP 服务器引起网络问题之前，它被自动关闭。

（5）集群技术的使用。Windows 2003 集群技术能将两个或更多服务器当作一个单系统进行管理，从而提高系统的稳定性。DHCP 的集群技术使管理员可以检查集群资源的状态并将一部分超负载工作的服务移到集群中的另一台服务器上，这样可以在保证重要服务在线的情况下保持系统的负载均衡。集群的 DHCP 服务器使网络中的一个节点崩溃后，另一个节点继续工作，这样客户端只需经历短暂的延迟，即可正常访问网络。

六、学习活动四检查与评价（如下表所示）

学习活动三检查与评价

评价要点		自评	互评	教师评
专业知识点	了解 DHCP 服务器基础知识			
	理解 DHCP 服务器作用			
专业实训能力	会安装 DHCP 服务器组件			

说明：评价分为四个等级，分别为优、良、一般、差，其中教师评价为总评结果。

七、学习活动实训报告

____________实训报告

专业：____________________

姓名：____________________

学号：____________________

日期：____________________

组号		组长	
实训名称			
成绩			

一、实训目的

二、实训步骤（具体过程）

三、实训结论

四、小结

学习活动四 安装 DHCP 服务器

【学习目标】

通过本活动学习，学会安装 DHCP 服务器。

【学习重点】

安装 DHCP 服务器。

【学习过程】

一、学习活动背景

在一个局域网中每一台计算机都必须至少有一个 IP 地址，才能与其他计算机连接通信。如何快速为每一台计算机配置一个 IP 地址，是网络管理员解决的问题。

二、学习活动描述

网络中的计算机提供 DHCP，必须在服务器中安装 DHCP 服务器，才能提供动态 IP 地址分配服务。

三、学习活动要求

在服务器中安装 DHCP 服务器，要求如下：

服务器 IP 地址：192. 168. 0. 200。

网关：192. 168. 0. 210。

IP 地址分配范围：192. 168. 0. 10 ~ 192. 168. 0. 200。

保留 IP 地址：192. 168. 0. 152 ~ 192. 168. 0. 161。

租约期：8 天。

四、学习活动实施

安装 DHCP 服务器操作步骤如下：

（1）如图 1 – 4 – 1 所示，在“新建作用域向导”窗口中，单击“下一步”按钮。

（2）如图 1 – 4 – 2 所示，输入作用域名称，单击“下一步”按钮。

（3）如图 1 – 4 – 3 所示，输入作用域分配地址范围，输入作用域的起始 IP 地址和结束 IP 地址，输入网络地址长度和子网掩码，单击“下一步”按钮。

（4）如图 1 – 4 – 4 所示，添加需要排除的 IP 地址范围，单击“下一步”按钮。

（5）如图 1 – 4 – 5 所示，设置租约期限为 8 天，单击“下一步”按钮。

新建作用域向导
欢迎使用新建作用域向导
此向导帮助您设置作用域，在网络上为计算机指派地址。
要继续，请单击“下一步”。
< 上一步(B)
下一步(N) >
取消

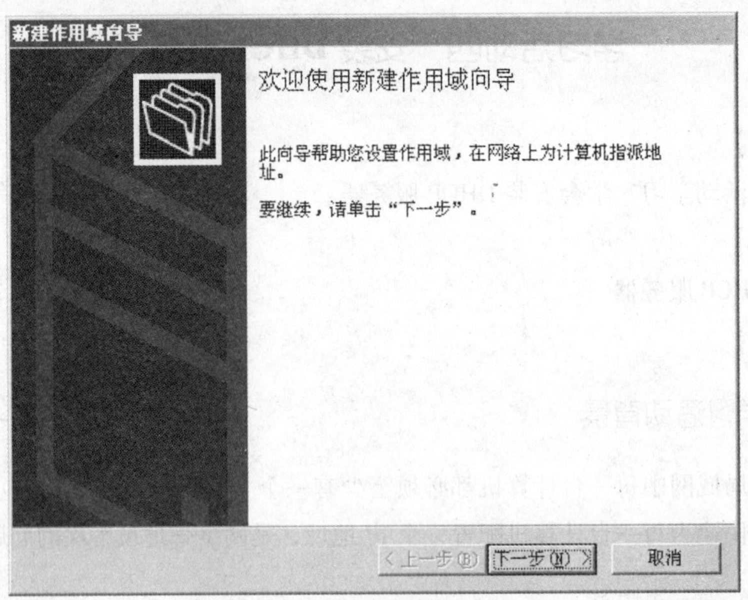

图1-4-1　“新建作用域向导”界面

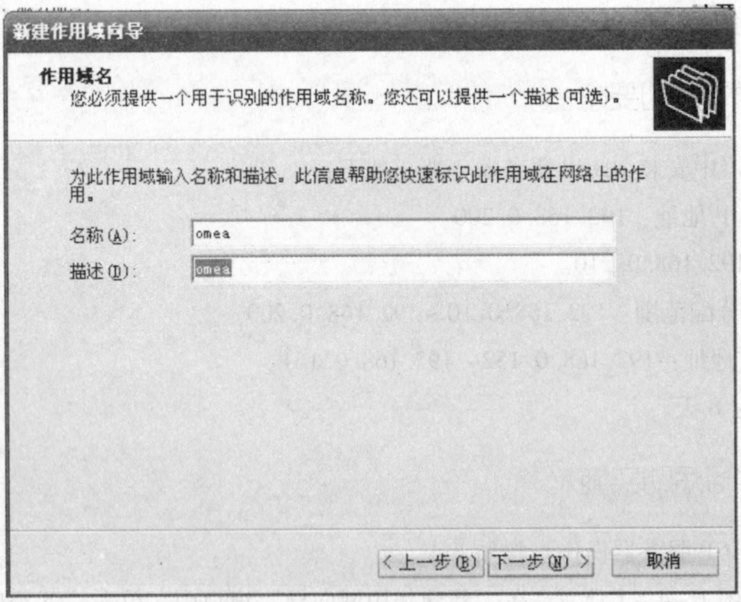

新建作用域向导
作用域名
您必须提供一个用于识别的作用域名称。您还可以提供一个描述(可选)。
为此作用域输入名称和描述。此信息帮助您快速标识此作用域在网络上的作用。
名称(A):
omea
描述(D):
omea
< 上一步(B)
下一步(N) >
取消

图1-4-2　“作用域名”界面

(6) 如图1-4-6所示，选择“是”，配置DHCP选项，单击“下一步”按钮。

(7) 如图1-4-7所示，输入客户机的默认网关，单击“下一步”按钮。

(8) 如图1-4-8所示，添加DNS服务器IP地址，单击“解析”按钮可以得到IP地址，再单击“下一步”按钮。

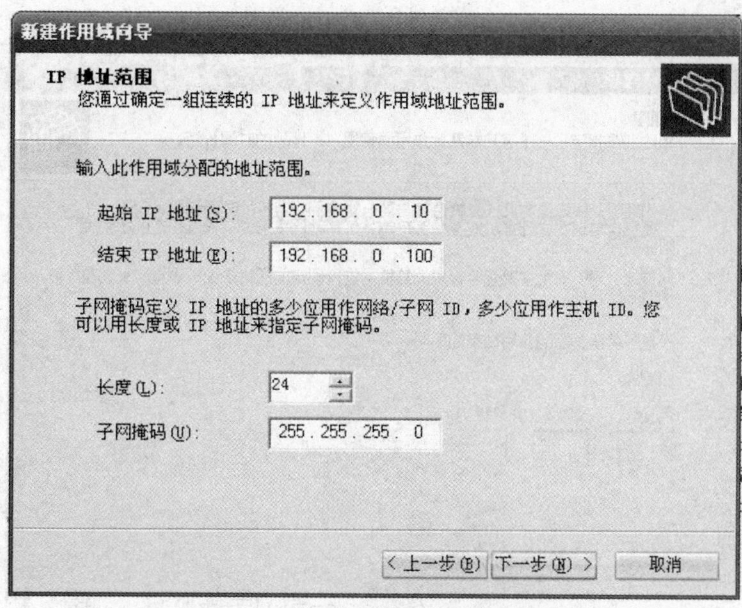

图 1-4-3 “IP 地址范围”界面

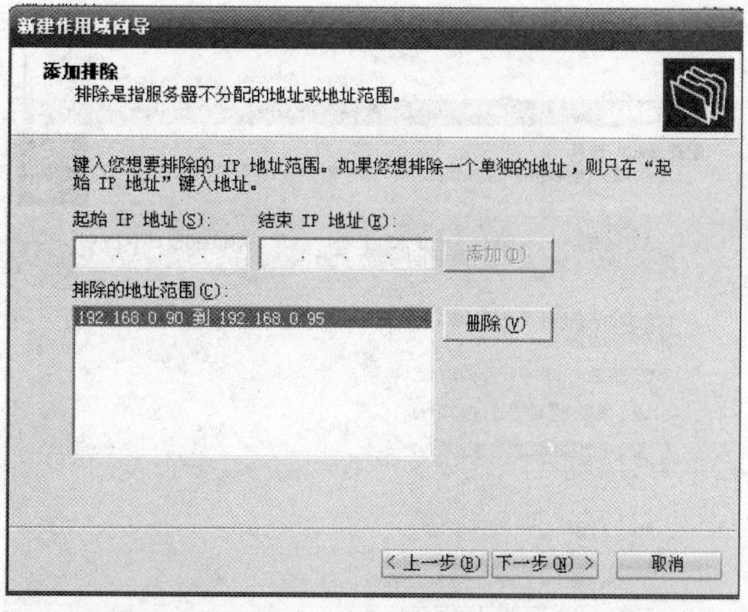

图 1-4-4 “添加排除”界面

（9）如图 1-4-9 所示，添加 WINS 服务器 IP 地址，单击“解析”按钮得到 IP 地址，再单击“下一步”按钮。

（10）如图 1-4-10 所示，选择“是”激活此作用域，再单击“下一步”按钮。

（11）如图 1-4-11 所示，单击“完成”按钮，完成 DHCP 服务器的安装。

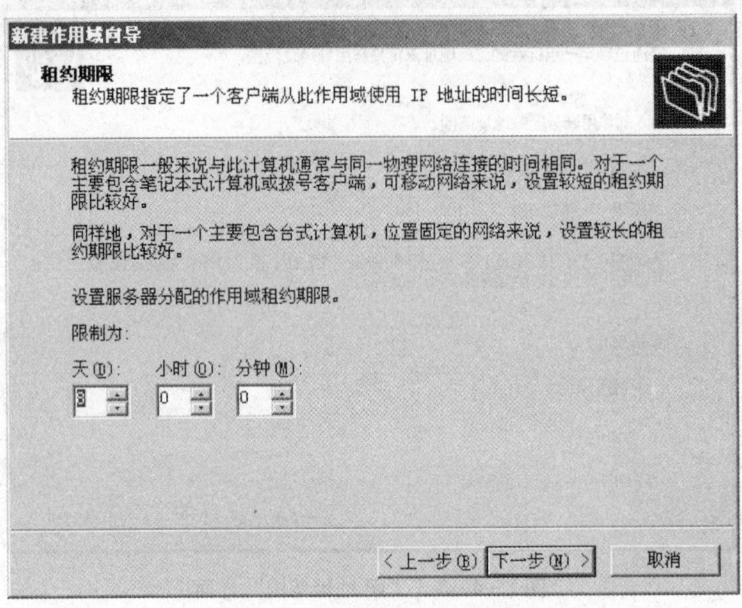

图 1-4-5 “租约期限”界面

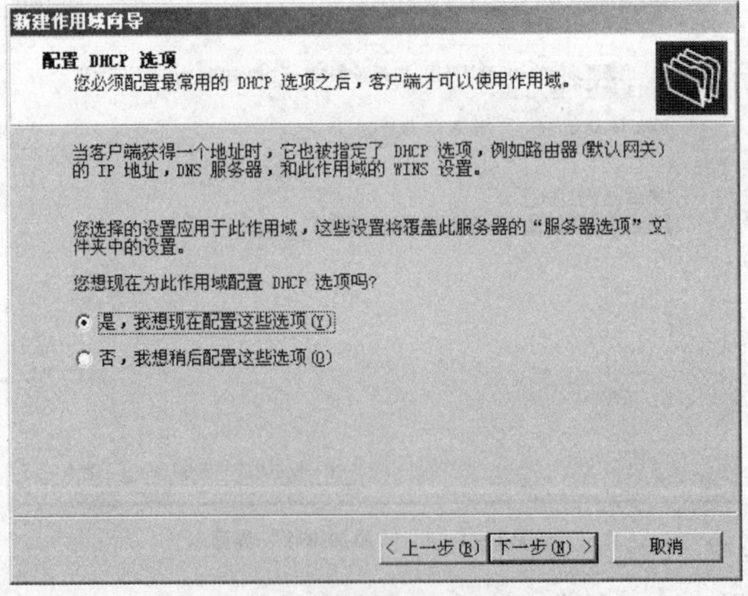

图 1-4-6 “配置 DHCP 选项”界面

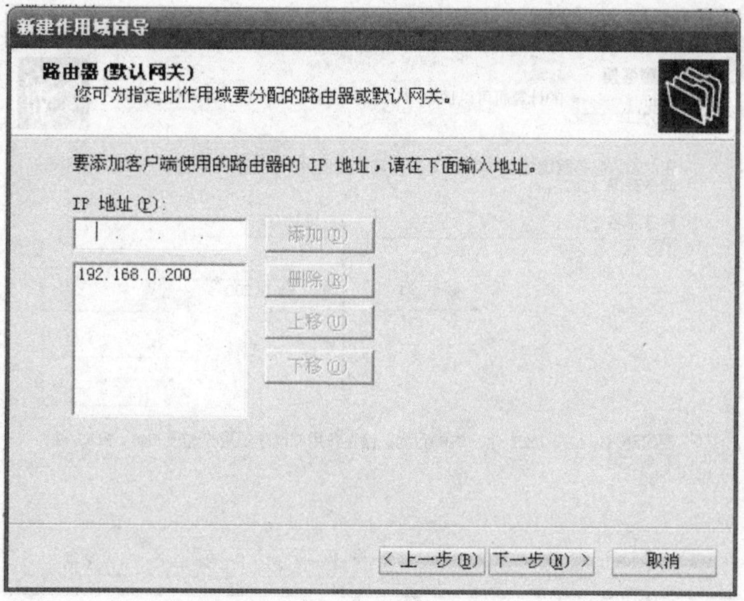

图 1－4－7 “路由器（默认网关）”界面

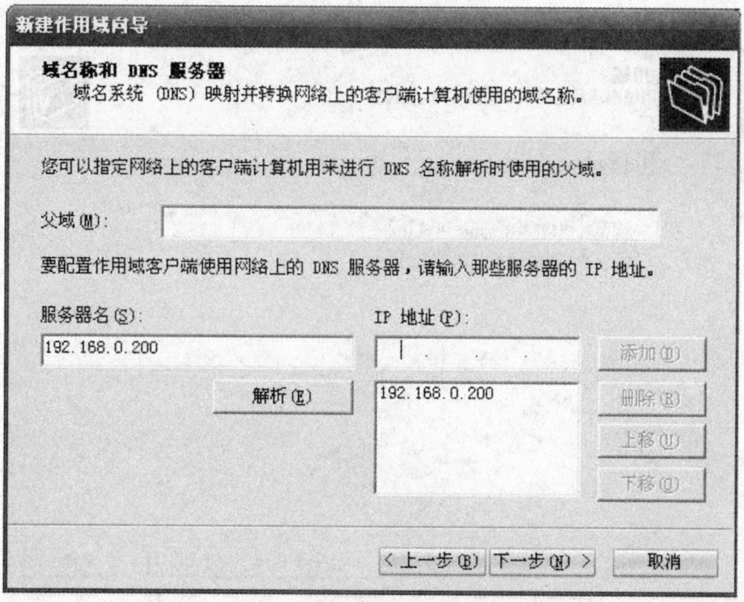

图 1－4－8 “域名称和 DNS 服务器”界面

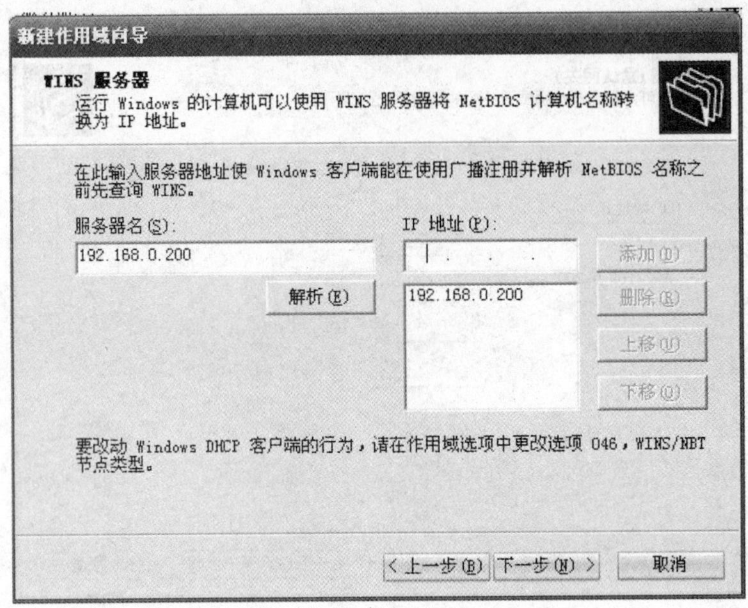

图 1-4-9 “WINS 服务器”界面

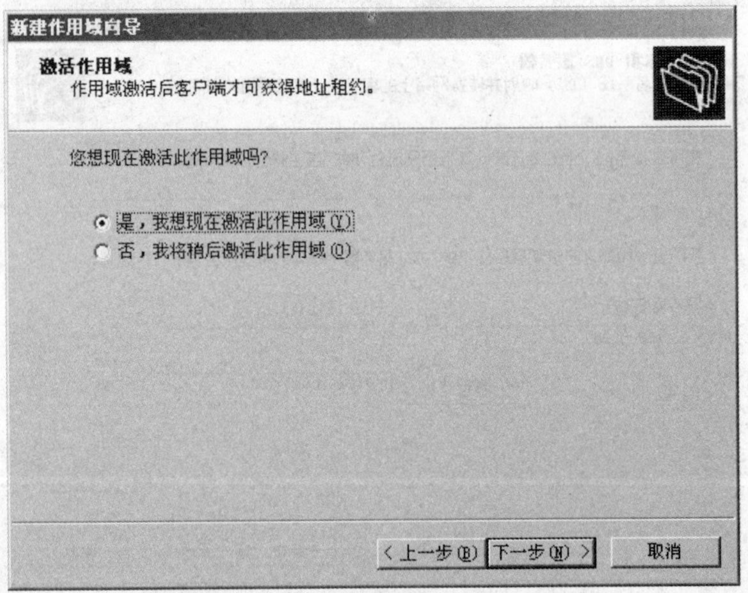

图 1-4-10 “激活作用域”界面

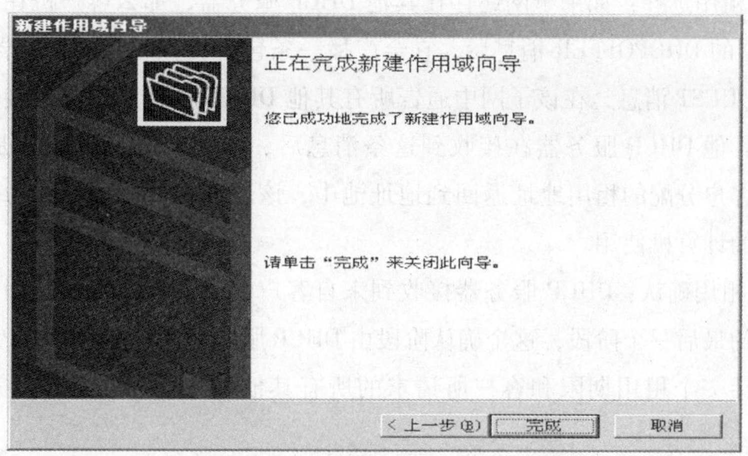

图 1-4-11　完成新建作用域向导界面

五、预备知识

1. DHCP

DHCP 就是动态主机配置协议（Dynamic Host Configuration Protocol），指的是由服务器控制一段 IP 地址范围，客户机登录服务器时就可以自动获得服务器分配 IP 地址和子网掩码。在 DHCP 服务器上需要安装 TCP/IP 协议，并设置静态 IP 地址、子网掩码、默认网关等内容。它的目的就是减轻 TCP/IP 网络的规划、管理和维护的负担，解决 IP 地址空间缺乏问题。这种网络服务有利于对网络中的客户机 IP 地址进行有效管理。

2. DHCP 服务器工作原理

DHCP 是一个基于广播的协议，它的操作可以归结为四个阶段，这些阶段是 IP 租用请求、IP 租用提供、IP 租用选择、IP 租用确认。

（1）IP 租用请求：在任何时候，客户计算机如果设置为自动获取 IP 地址，那么在它开机时，就会检查自己当前是否租用了一个 IP 地址，如果没有，它就向 DCHP 请求一个租用，由于该客户计算机并不知道 DHCP 服务器的地址，所以会用 255.255.255.255 作为目标地址，源地址使用 0.0.0.0，在网络上广播一个 DHCPDISCOVER 消息，消息包含客户计算机的媒体访问控制（MAC）地址（网卡上内建的硬件地址）以及它的 NetBIOS 名字。

（2）IP 租用提供：当 DHCP 服务器接收到一个来自客户的 IP 租用请求时，它会根据自己的作用域地址池为该客户保留一个 IP 地址并且在网络上广播一个来实现，该消息包含客户的 MAC 地址、服务器所能提供的 IP 地址、子网掩码、租用期限以及提供该租用的 DHCP 服务器本身的 IP 地址。

（3）IP 租用选择：如果子网还存在其他 DHCP 服务器，那么客户机在接受了某个 DHCP 服务器的 DHCPOFFER 消息后，它会广播一条包含提供租用的服务器的 IP 地址的 DHCPREQUEST 消息，在该子网中通告所有其他 DHCP 服务器它已经接受了一个地址的提供，其他 DHCP 服务器在接收到这条消息后，就会撤销为该客户提供的租用。然后把为该客户分配的租用地址返回到地址池中，该地址将可以重新作为一个有效地址提供给别的计算机使用。

（4）IP 租用确认：DHCP 服务器接收到来自客户的 DHCPREQUEST 消息，它就开始配置过程的最后一个阶段，这个确认阶段由 DHCP 服务器发送一个 DHCPACK 包给客户，该包包括一个租用期限和客户所请求的所有其他配置信息，至此，完成 TCP/IP 配置。

3. DHCP 的分配形式

DHCP 服务器必须工作在某一个网络上，安会监听网络的 DHCP 请求，并与客户机协商 TCP/IP 的设定环境。它提供 3 种 IP 定位方式。

（1）手动分配：在手动分配中，网络管理员在 DHCP 服务器通过手工方法配置 DHCP 客户机的 IP 地址。当 DHCP 客户机要求网络服务时，DHCP 服务器把手工配置的 IP 地址传递给 DHCP 客户机。

（2）自动分配：在自动分配中，当 DHCP 客户机第一次向 DHCP 服务器租用到 IP 地址后，这个地址就永久地分配给了该 DHCP 客户机，而不会再分配给其他客户机。

（3）动态分配：当 DHCP 客户机向 DHCP 服务器租用 IP 地址时，DHCP 服务器只是暂时分配给客户机一个 IP 地址。只要租约到期，这个地址就会还给 DHCP 服务器，以供其他客户机使用。如果 DHCP 客户机仍需要一个 IP 地址来完成工作，则可以再要求另外一个 IP 地址。

使用动态分配方法可以解决 IP 地址不够用的困扰，例如，C 类网络只能支持 254 台主机，而网络上的主机有三百多台，但如果网上同一时间最多有 200 个用户，此时如果使用手工分配或自动分配将不能解决这一问题。而动态分配方式的 IP 地址并不固定分配给某一客户机，只要有空闲的 IP 地址，DHCP 服务器就可以将它分配给要求地址的客户机；当客户机不再需要 IP 地址时，就由 DHCP 服务器重新收回。

4. DHCP 基本术语

（1）作用域：作用域是一个网络中的所有可分配的 IP 地址的连续范围。作用域主要用来定义网络中单一的物理子网的 IP 地址范围。作用域是服务器用来管理分配给网络客户的 IP 地址的主要手段。

（2）超级作用域：超级作用域是一组作用域的集合，它用来实现同一个物理子网中包含多个逻辑 IP 子网。在超级作用域中只包含一个成员作用域或子作用域的列表。然而超级作用域并不用于设置具体的范围。子作用域的各种属性需要单独设置。

（3）排除范围：排除范围是不用于分配的 IP 地址序列。它保证在这个序列中的 IP 地址不会被 DHCP 服务器分配给客户机。

（4）租约：租约是 DHCP 服务器指定的时间长度，在这个时间范围内客户机可以使用所获得的 IP 地址。当客户机获得 IP 地址时租约被激活。在租约到期前客户机需要更新 IP 地址的租约，当租约过期或从服务器上删除则租约停止。

（5）地址池：在用户定义了 DHCP 范围及排除范围后，剩余的地址构成了一个地址池，地址池中的地址可以动态地分配给网络中的客户机使用。

（6）保留：可使用“保留”功能创建 DHCP 服务器指派的永久地址租约。使用“保留”功能可确保子网上指定的硬件设备始终可使用相同的 IP 地址。

六、学习活动四检查与评价（如下表所示）

学习活动四检查与评价

评价要点		自评	互评	教师评
专业知识点	理解 DHCP 工作原理			
	理解 DHCP 分配方式			
	理解 DHCP 基本术语			
专业实训能力	会安装 DHCP 服务器			

说明：评价分为四个等级，分别为优、良、一般、差，其中教师评价为总评结果。

七、学习活动实训报告

________实训报告

专业：________________

姓名：________________

学号：________________

日期：________________

组号		组长	
实训名称			
成绩			

一、实训目的

二、实训步骤（具体过程）

三、实训结论

四、小结

学习活动五　配置 DHCP 服务器

【学习目标】

通过本活动学习，学会配置 DHCP 服务器。

【学习重点】

会配置 DHCP 服务器。

【学习过程】

一、学习活动背景

在一个局域网安装 DHCP 服务器和客户机，要保证 DHCP 服务器的安全稳定运行，要认真了解服务器的属性。

二、学习活动描述

理解 DHCP 服务器的属性配置。

三、学习活动要求

配置 DHCP 服务器具体配置如下：

（1）启用或停止 DHCP 服务器。

（2）修改 IP 地址池和租约期限。

（3）创建多个作用域。

（4）配置客户保留。

四、学习活动实施

配置 DHCP 服务器操作步骤如下：

（1）如图 1－5－1 所示，单击"开始｜运行"，输入"mmc"。

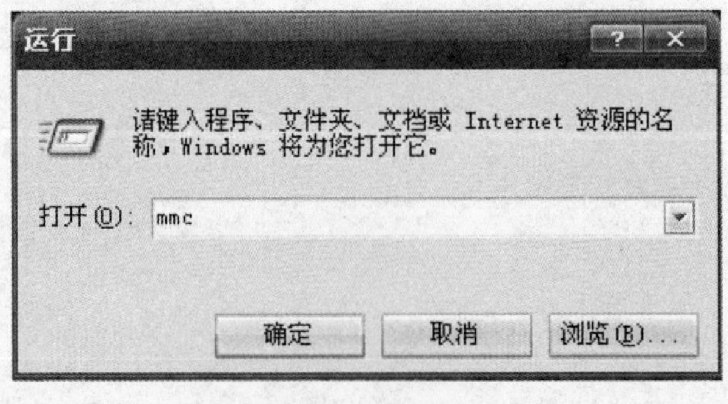

图 1－5－1　"运行"界面

（2）如图 1－5－2 所示，打开“DHCP”控制台。

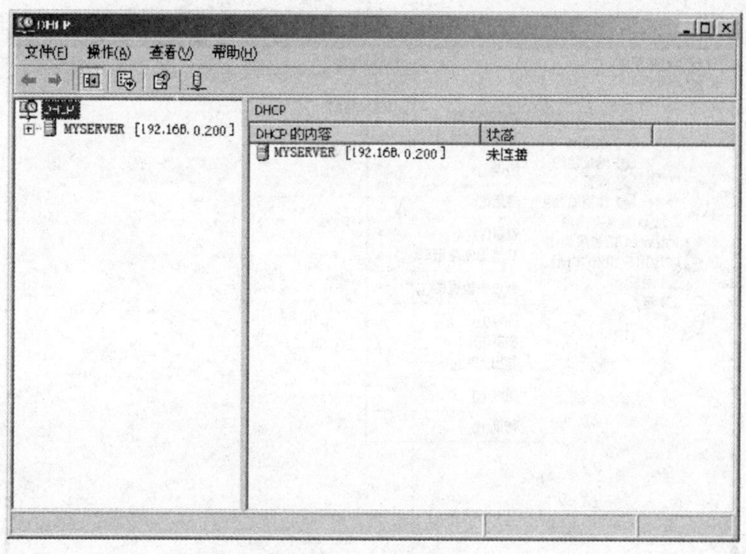

图 1－5－2 “控制台”界面

（3）启动服务，右击 DHCP 服务器名称“MYSERVER”，并在右键快捷菜单中选择“所有任务｜启动”。要中断服务，请单击“暂停”。要停止然后自动重新启动服务，请单击“重新启动”（如图 1－5－3 所示）。

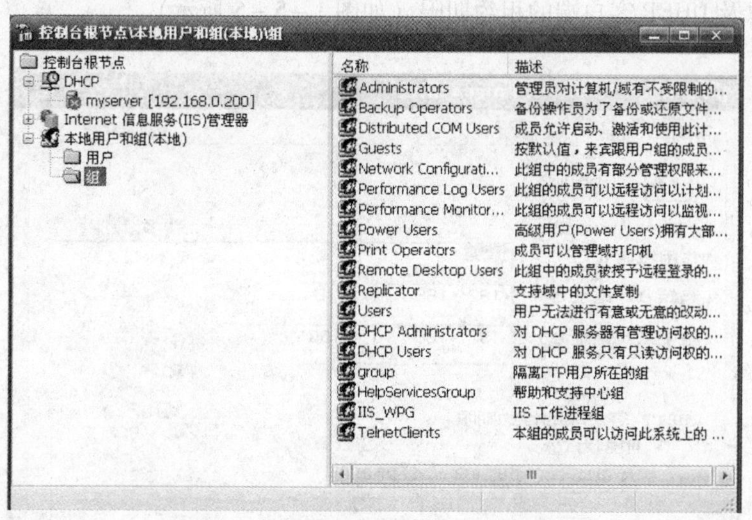

图 1－5－3 启动或暂停服务界面

（4）停用或激活作用域，右击左侧控制台树中的 DHCP 服务器下的“作用域”部分，在弹出右键快捷菜单中选择“停用”菜单项，会弹出“DHCP”提示框。单击“是”按钮确认，便会停用该作用域，并且该域内的客户端将不会再自动获得 IP 地址。停用之后若是再次使用，则在该快捷菜单中选择“激活”菜单项即可（如图1-5-4所示）。

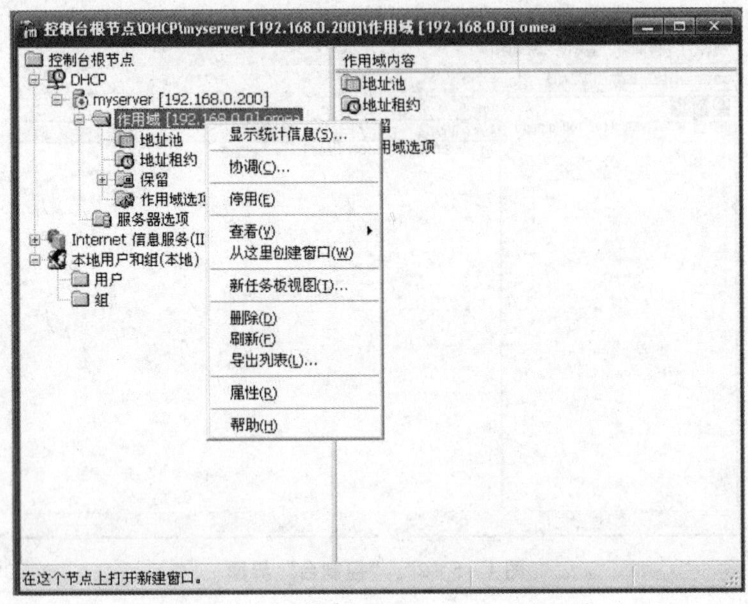

图1-5-4　停用或激活作用域界面

（5）右击左侧控制台树中的作用域，弹出右键菜单，在快捷菜单中选择“属性”命令，会弹出“作用域属性”对话框，可修改的内容包括作用域名称、IP 地址池的起止 IP 地址以及 DHCP 客户端的租约期限（如图1-5-5所示）。

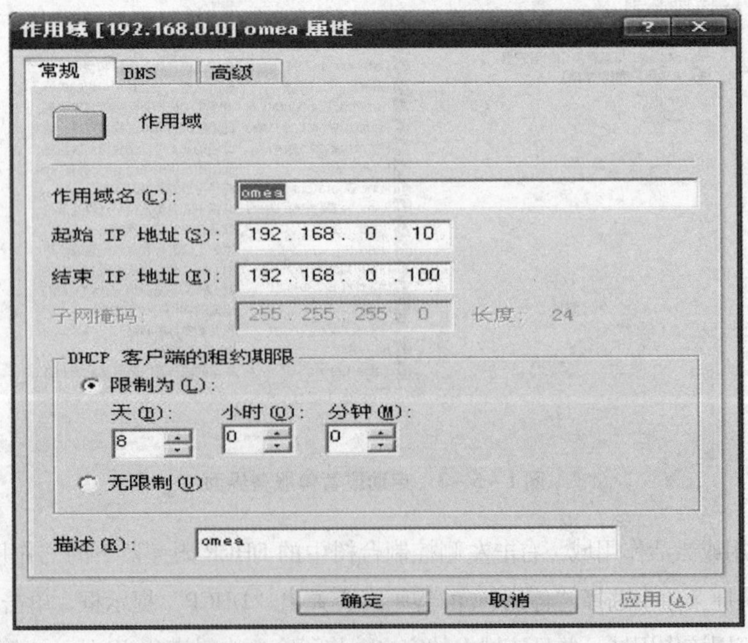

图1-5-5　“作用域属性”对话框

（6）右键单击控制台树中的“保留”，在弹出的快捷菜单中单击“新建保留”命令，如图 1－5－6 所示。

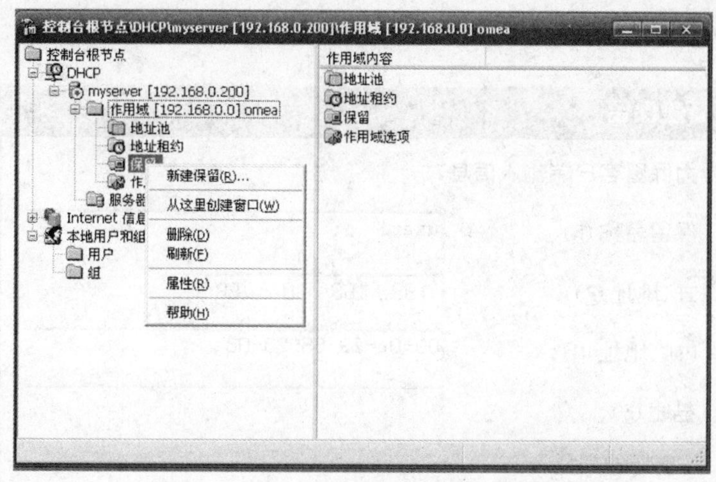

图 1－5－6 “作用域保留”界面

单击“添加”按钮，键入指派给客户端网络适配器的 MAC 地址，键入保留的客户端的计算机名称，这个名称只是用作身份标识，不会影响为该客户端配置的实际计算机名。键入当前未使用的来自作用域地址池中的 IP 地址，可以使用已经不是作用域排除范围部分的任一可用的有效作用域 IP 地址，选择“两者”单选按钮（如图 1－5－7 所示）。

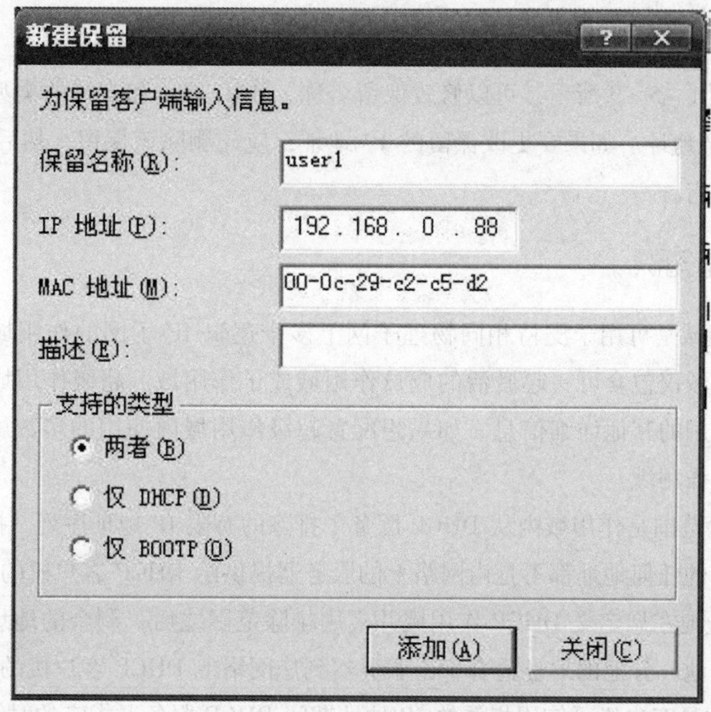

图 1－5－7 “新建保留”界面

（7）如图 1－5－8 所示，在 DHCP 控制台窗口中，单击控制台树中的“保留”项。在右边的详细信息窗格中，用右键单击要更改其信息的保留客户端，在弹出的右键菜单中选择“属性”命令。

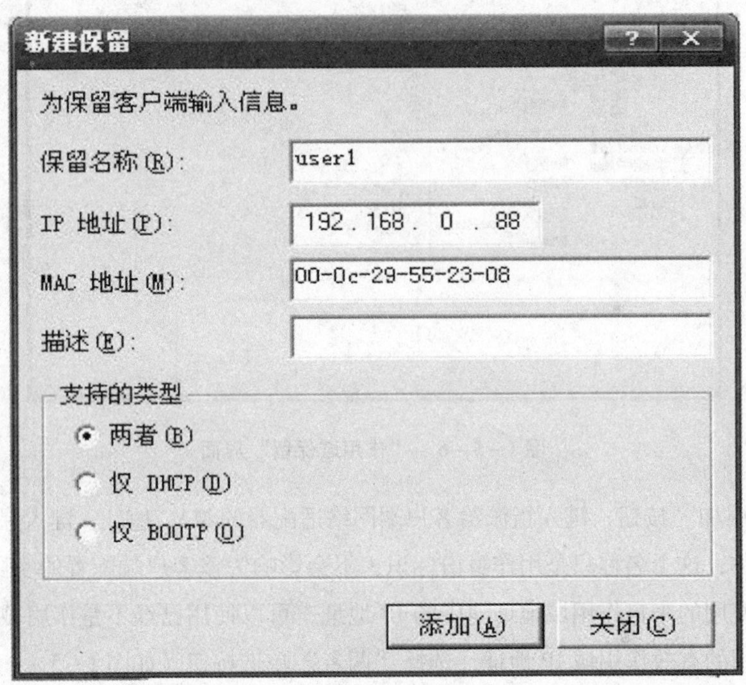

图 1－5－8　“为保留客户端输入信息”界面

（8）如图 1－5－9 所示，可以修改保留名称、MAC 地址和支持的类型等，但不能修改保留的 IP 地址。如果要更改保留的 IP 地址，应先删除该保留，然后使用新的 IP 地址重新创建它。

五、预备知识

（1）作用域是可用于支持相同物理子网上多个逻辑 IP 子网的作用域的管理性分组。超级作用域仅包含可一起激活的成员作用域或子作用域。超级作用域不用于配置有关作用域使用的其他详细信息。如果想配置超级作用域内使用的多数属性，您需要单独配置成员作用域。

（2）排除范围是作用域内从 DHCP 服务中排除的有限 IP 地址序列。排除范围确保在这些范围中的任何地址都不是由网络上的服务器提供给 DHCP 客户机的。

（3）地址池在您定义 DHCP 作用域并应用排除范围之后，剩余的地址在作用域内形成可用地址池。分池的地址适合于由服务器到您网络上 DHCP 客户机的动态指派。

（4）租约是客户机可使用指派的 IP 地址期间 DHCP 服务器指定的时间长度。租用

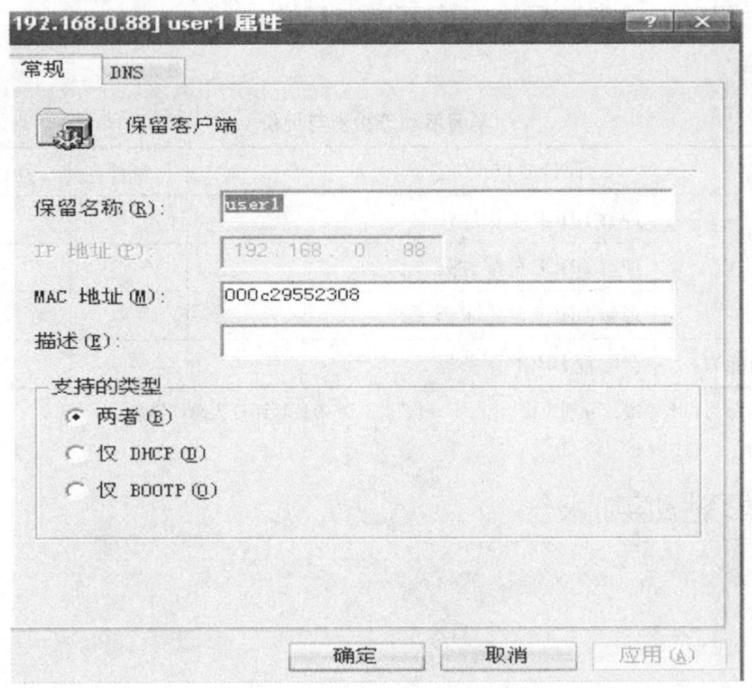

图1-5-9 "修改保留信息"界面

给客户时，租约是活动的。在租约过期之前，客户机一般需要通过服务器更新其地址租约指派。当租约期满或在服务器上删除时，租约是非活动的。租约期限决定租约何时期满以及客户需要用服务器更新它的次数。

（5）保留创建通过 DHCP 服务器的永久地址租约指派。保留确保了子网上指定的硬件设备始终可使用相同的 IP 地址。

（6）选项类型是 DHCP 服务器在向 DHCP 客户机提供租约服务时指派的其他客户机配置参数。例如，某些公用选项包含用于默认网关（路由器）、WINS 服务器和 DNS 服务器的 IP 地址。通常，为每个作用域启用并配置这些选项类型。DHCP 控制台还允许您配置由服务器上添加和配置的所有作用域使用的默认选项类型。虽然大多数选项都是在 RFC 2132 中预定义的，但若需要的话，您可使用 DHCP 控制台定义并添加自定义选项类型。

（7）选项类别是一种可供服务器进一步管理提供给客户的选项类型的方式。当选项类别添加到服务器时，可为该类别的客户机提供用于其配置的类别特定选项类型。对于 Windows 2000，客户机也可指定与服务器通信时的类别 ID。对于不支持类别 ID 过程的早期 DHCP 客户机，服务器可配置成默认类别以便在将客户机归类时使用。选项类别有两种类型：供应商类别和用户类别。

六、学习活动检查与评价（如下表所示）

学习活动五检查与评价

评价要点		自评	互评	教师评
专业知识点	理解 DHCP 工作原理			
	理解 DHCP 分配方式			
	理解 DHCP 基本术语			
专业实训能力	会配置 DHCP 服务器			

说明：评价分为四个等级，分别为优、良、一般、差，其中教师评价为总评结果。

七、学习活动实训报告

____________实训报告

专业：____________________

姓名：____________________

学号：____________________

日期：____________________

组号		组长	
实训名称			
成绩			

一、实训目的

二、实训步骤（具体过程）

三、实训结论

四、小结

学习情境二　配置 DNS 服务器

学习情境背景

在网络中，每一台主机都有一个唯一的 32 位二进制 IP 地址来标识，这是网络中主机之间进行通信的基础。这个 32 位二进制 IP 地址用四段十进制数来表示，各段之间用“.”分隔开来，如 218.22.182.219，这些 IP 地址都是毫无记忆规律的。如果要求人们记住这些 IP 地址，那将是不可想象的。为了既方便人们记忆，又能实现主机之间的通信，DNS（Domain Name System，域名系统）就应运而生了。DNS 域名系统主要实现 Internet 上主机的符号域名与 IP 地址之间的转换服务，也称名字服务或域名服务。

学习目标

通过本活动学习，学生可以知道 DNS 服务器的作用，会安装 DNS 服务器，进行域名解析，将域名解析成 IP 地址，同时也可以将 IP 地址解析为域名。

学习活动安排

（1）搭建 DNS 服务。

（2）安装 DNS 服务器。

（3）安装 DNS 服务器反向查找区域。

（4）创建和管理 DNS 资源记录。

学习过程流程图

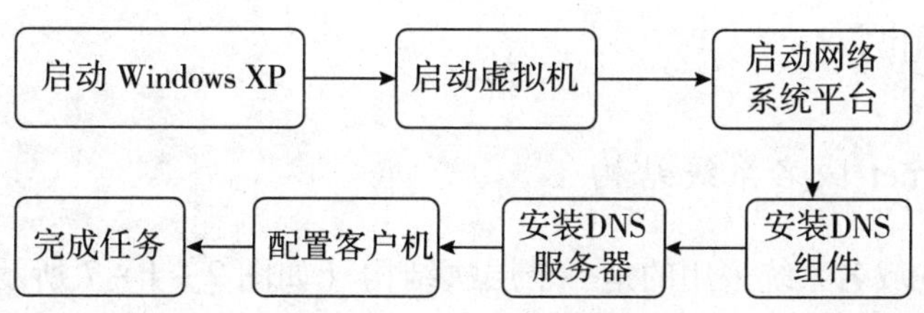

学习活动一　搭建 DNS 服务

【学习目标】

会在 Windows Server 2003 环境中安装 DNS 服务组件。

【学习重点】

安装 DNS 服务组件。

【学习过程】

一、学习活动背景

Windows Server 2003 服务器中已经安装虚拟机、配置好 IP 地址、DHCP 服务器等相关参数，系统要对外提供域名解析的服务，必须要安装 DNS 组件。

二、学习活动描述

在 Windows Server 2003 系统中安装 DNS 服务器。

三、学习活动要求

在已配置 DHCP 服务器上，通过“添加/删除 Windows 组件”安装 DNS 服务器的组件。

四、学习活动实施

（1）如图 2－1－1 所示，择“开始｜控制面板｜添加或删除程序”，打开“添加或删除程序”窗口。

（2）如图 2－1－2 所示，在“添加或删除程序”界面中打开“Windows 组件向导”窗口。

（3）如图 2－1－3 所示，在“Windows 组件”列表中选择“网络服务”，单击“详细信息”。

（4）如图 2－1－4 所示，在“域名系统（DNS）”左边打上钩，单击“确定”按钮。

（5）如图 2－1－5 所示，单击“下一步”按钮。

（6）如图 2－1－6 所示，单击“完成”按钮，完成 DNS 服务的安装。

五、预备知识

（一）Internet 域名系统结构

Internet DNS 域名系统采用的是一个层次结构（如图 2－1－7 所示），它的形状像

图 2-1-1 “控制面板”界面

是一棵倒置的树，树状的最顶端是根域，根域没有名字，用“.”来表示。

第二层称为顶级域，根域下面划分出顶级域，如 COM、CN、GOV、NET、ORG 等，每个顶级域中可以包括多个主机，并可以再进行划分子域。

第三层是在顶级域下划分的二级域。

第四层是二级域下的子域，子域下面可以继续划分子域，或者连接主机。

第五层是主机。FTP 代表的是 FTP 服务器，WWW 代表的是一个 Web 服务器，Stmp 代表的是电子邮件发送服务器，POP 代表的是电子邮件接收服务器。

通过这样层次的结构划分，Internet 上的服务器含义就非常清楚了。例如 www. tsinghua. edu. cn 代表的是中国的一个叫 Tsinghua（清华大学的缩写）教育机构 WWW 的服务器。

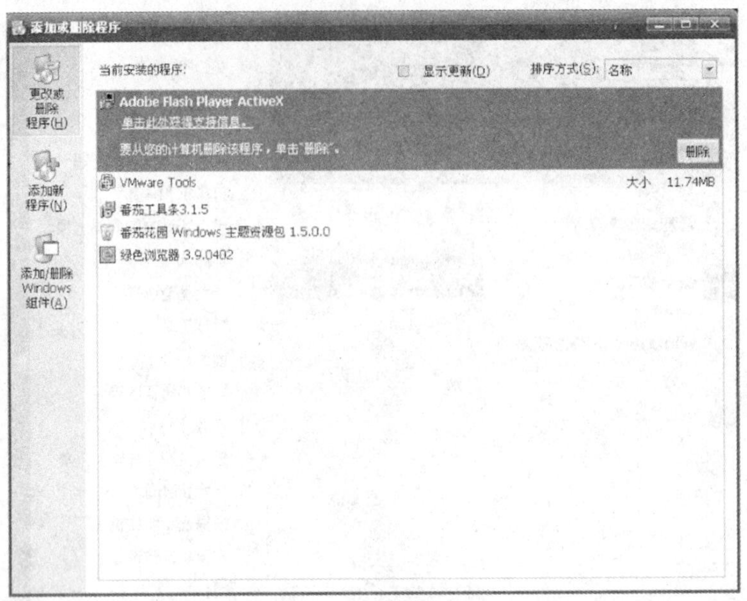

图 2－1－2 "添加或删除程序"界面

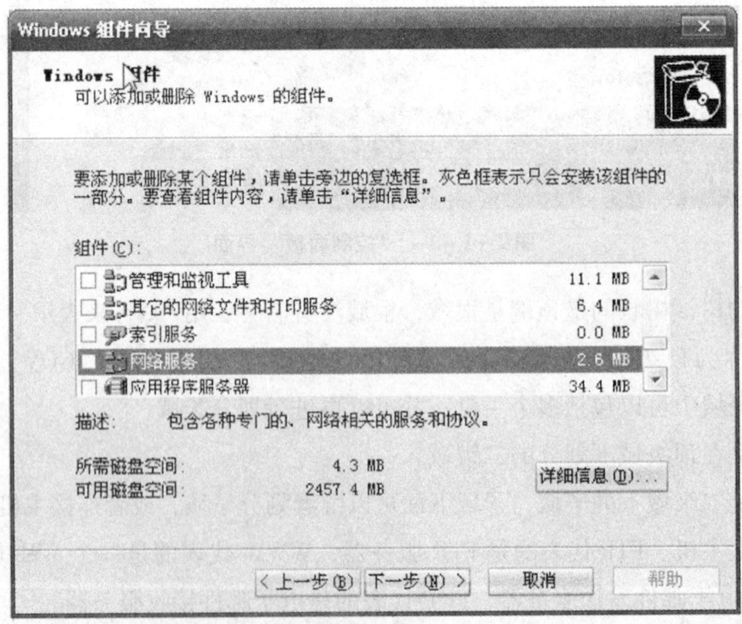

图 2－1－3 "Windows 组件向导"界面

（二）DNS 域名解析的过程

域名采用客户机/服务器模式进行解析。在 Windows 系列操作系统中都集成了 DNS

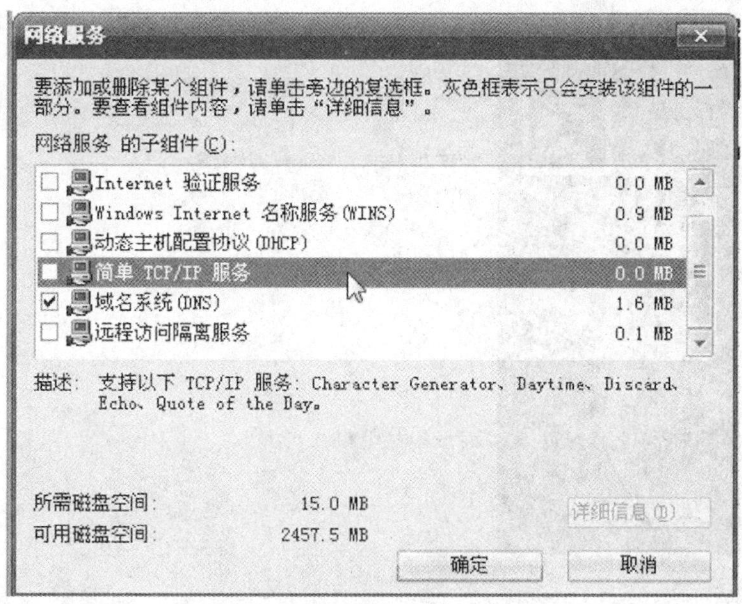

图 2-1-4　“网络服务”界面

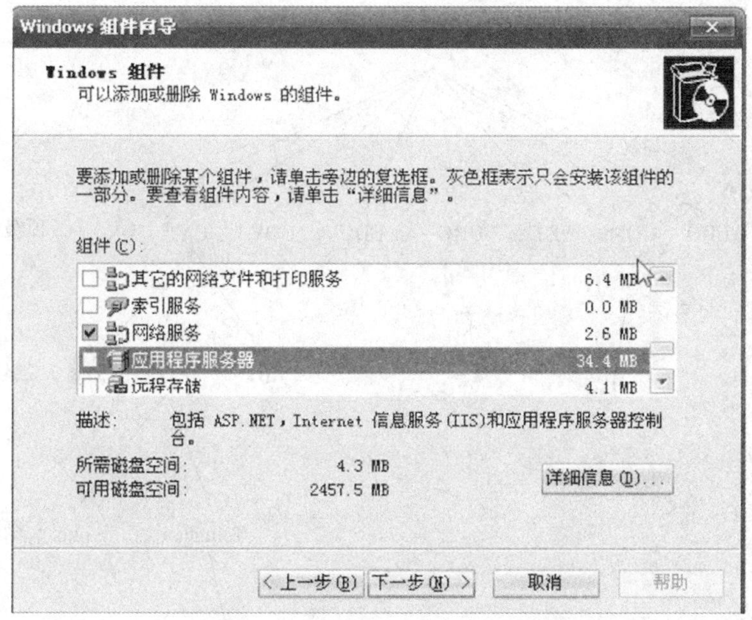

图 2-1-5　“Windows 组件”界面

客户机软件。一个完整的域名解析过程如下：

客户端发出 DNS 请求翻译 IP 地址或主机名。DNS 服务器在收到客户机的请求后，检查 DNS 服务器的缓存，若查到请求的地址或名字，即向客户机发出应答信息。若没

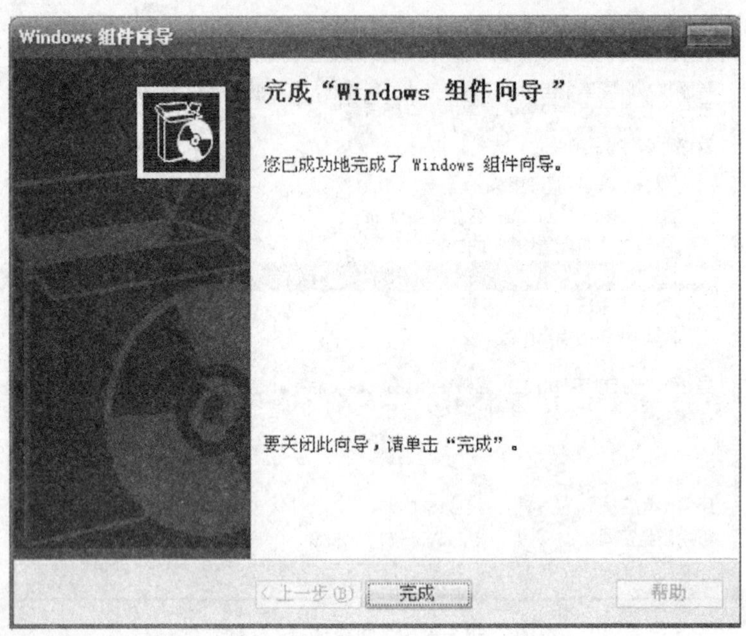

图 2-1-6　完成“Windows 组件向导”界面

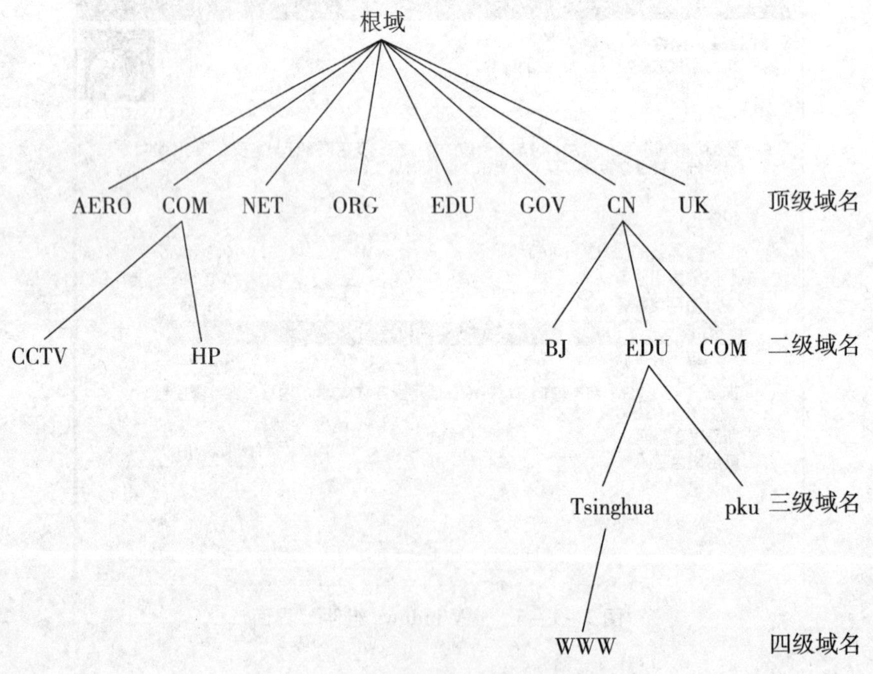

图 2-1-7　Internet 域名系统结构

有查到，则在数据库中查找，若查到请求的地址或名字，即向客户机发出应答信息。若没有查到，则将请求发给根域 DNS 服务器，并依序从根域查找顶级域，由顶级域查找二级域，二级域查找三级域，直至找到要解析的地址或名字，即向客户机所在网络的 DNS 服务器发出应答信息。DNS 服务器收到应答后先在缓存中存储，然后，将解析结果发给客户机。若没有找到，则返回错误信息。

假设 CCTV 域中的某一台计算机要访问 www. lstc. edu. cn，详细过程如下：

（1）浏览器发现接受的地址是域名地址而非 IP 地址，无法直接建立 TCP 连接而获取数据，因此，向 dns 解析程序提出请求，查询 www. lstc. edu. cn 的 IP 地址。

（2）如果用户最近访问过该地址，就从缓存里提取 IP 地址，返回给浏览器，否则，再查找本机文件中是否有记录，如果失败，执行下一步。

（3）解析程序根据网络配置，向本地 DNS 服务器提出请求，要求查询 www. lstc. edu. cn 的 IP 地址。

（4）本地 DNS 服务器发现自己也没有该域名的 IP 地址，则直接向最高层的根域服务器提出相同的请求。

（5）根域服务器也不能提供对应的 IP 地址，但能够提供顶级域名 CN 的 DNS 服务器地址，因而查询任务交给 CN 的 DNS 服务器。

（6）CN 的 DNS 服务器检查发现，也没有存储 www. lstc. edu. cn 的 IP 地址，但能够提供 edu. cn 的 DN 服务器地址，再把任务转移到 edu. cn 的服务器。

（7）edu. cn 的服务器也不能提供 www. lstc. edu. cn 的 IP 地址，但能够提供 lstc. edu. cn 的 DNS 服务器为 210. 41. 160. 1（假设），任务继续转移到该服务器查询。

（8）在 210. 41. 160. 1 的服务器数据库文件中查到 www. lstc. edu. cn 的 IP 地址登记为 210. 41. 160. 7（假设），预把该结果回送到最初发出请求的计算机 。

（9）浏览器获得 www. lstc. edu. cn 的地址为 210. 41. 160. 7，开始建立 TCP 连接，传送数据。

（三）DNS 域名解析的方法

DNS 域名解析常用的方法有三种。

1. 递归查询

递归查询是指当本地域名服务器无法对 DNS 查询作出应答时，会临时将自己变成上一级域名服务器的域名解析器，如果上一级域名服务器能够对当前的 DNS 查询作出应答，则将查询结果返回给本地域名服务器，再由本地域名服务器将查询结果返回给域名解析器；如果上一级域名服务器也无法对当前的 DNS 查询作出应答，则这一级域名服务器会向它的上一级发出 DNS 查询，直到某级域名服务器能作出应答或者一直查询到顶级域为止，然后再一级一级地向下返回 DNS 查询结果。这就是计算机中经常所说的递归过程。

2. 迭代查询

迭代查询是指当本地域名服务器无法对 DNS 查询作出应答时，本地域名服务器会向域名解析器返回应该去查询的根域名服务器，如果根域名服务器能够完成当前 DNS 查询的域名解析，则返回 DNS 查询结果；如果根域名服务器仍然无法完成对当前的 DNS 查询的应答，则告诉域名解析器再去查询该域名的顶级域名服务器，按照这种方式，直到查到 DNS 域名信息或者直到某级域不存在或主机不存在，返回最终的查询结果给域名解析器。

3. 反向查询

递归查询和迭代查询都是正向域名解析，即从域名查找 IP 地址。DNS 服务器还提供反向查询功能，即通过 IP 地址查询域名。

六、学习活动检查与评价（如下表所示）

学习活动一检查与评价

评价要点		自评	互评	教师评
专业知识点	了解 Internet 域名系统结构			
	理解 DNS 域名解析过程			
	理解 DNS 服务器作用			
专业实训能力	会安装 DNS 服务器组件			

说明：评价分为四个等级，分别为优、良、一般、差，其中教师评价为总评结果。

七、学习活动实训报告

______________实训报告

专业：______________________

姓名：______________________

学号：______________________

日期：______________________

组号		组长	
实训名称			
成绩			

一、实训目的

二、实训步骤（具体过程）

三、实训结论

四、小结

学习活动二　安装 DNS 服务器

【学习目标】

通过本活动学习，学会创建 DNS 服务器的正向查找区域。

【学习重点】

会配置 DNS 到 IP 地址的域名解析。

【学习过程】

一、学习活动背景

要具体配置 DNS 的解析记录，先要配置区域。区域为正向区域和反向区域，以实现不同的解析方向，现在配置一个正向区域。

二、学习活动描述

在 DHCP 服务器配置好的条件下，配置从域名到 IP 地址的解析。

三、学习活动要求

在服务器中安装 DNS 主要区域，要求如下：

（1）服务器 IP 地址：192.168.0.200。

（2）网关：192.168.0.200。

（3）配置一个正向区域，包括 COM 的根域，COM 的一级域和子域 mydns。

四、学习活动实施

（一）启动控制台

（1）选择“开始 | 运行”，输入“mmc”，如图 2－2－1 所示。

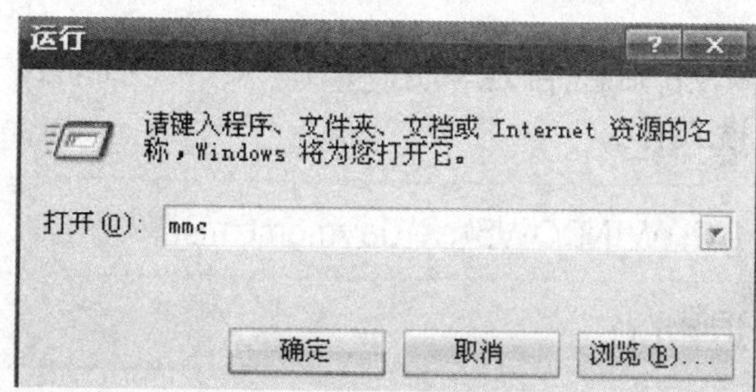

图 2－2－1　“运行”界面

（2）打开控制台，如图 2－2－2 所示。

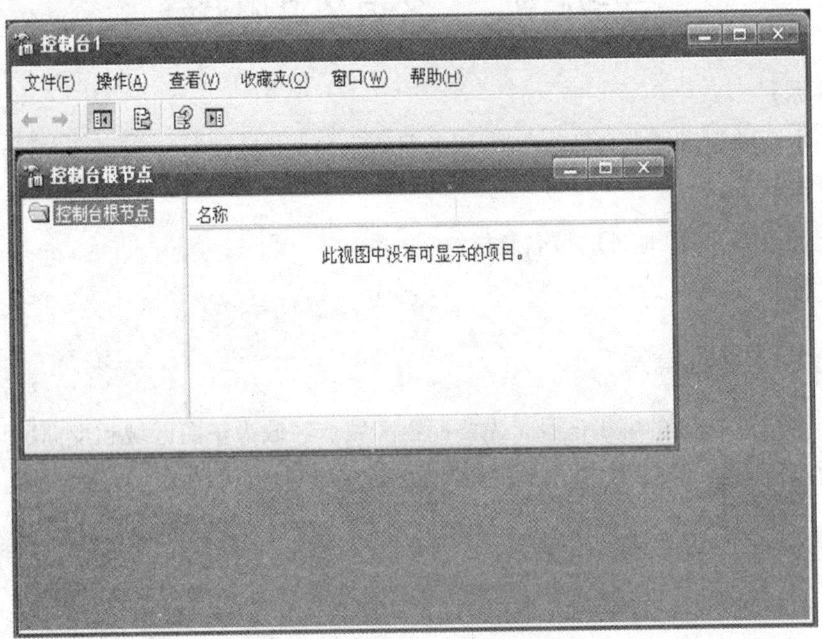

图 2－2－2　“控制台”界面

（3）如图 2－2－3 所示，在“控制台 1”窗口中选择“文件”，在下拉菜单中选择“添加/删除管理单元”。

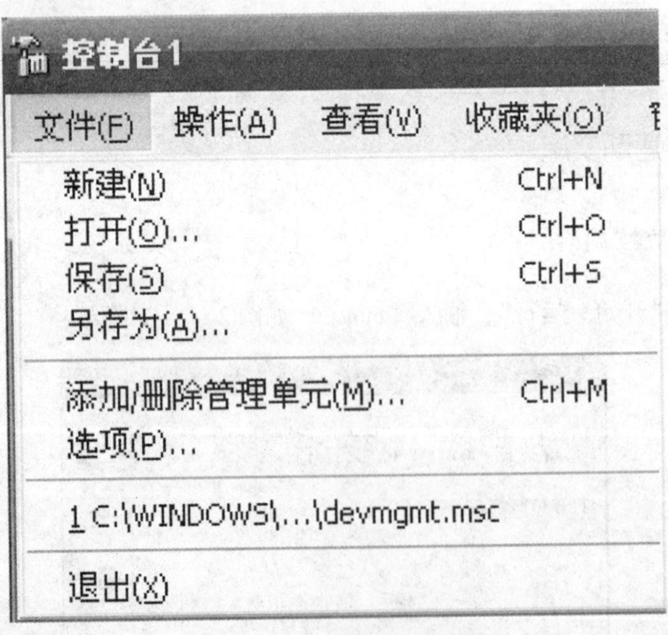

图 2－2－3　选择控制台界面

(4) 如图 2-2-4 所示，在打开“添加/删除管理单元”窗口，选择“选择”选项卡，单击“添加”按钮。

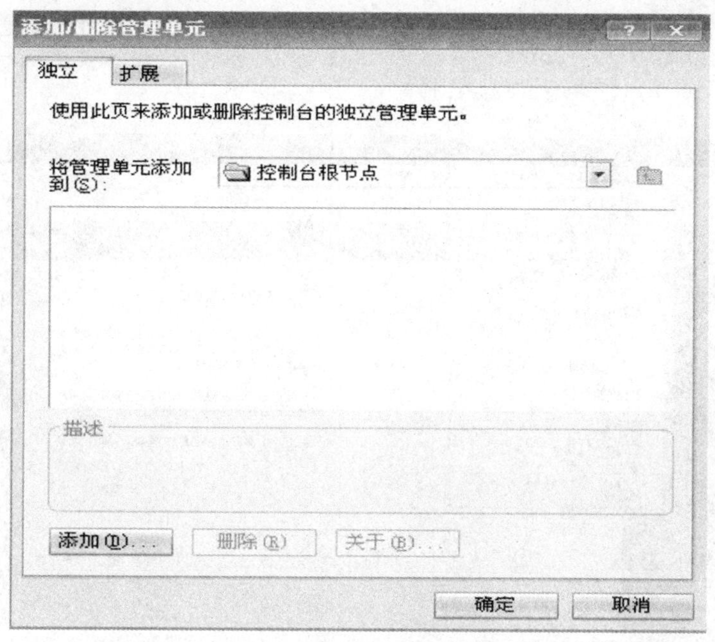

图 2-2-4　“添加/删除管理单元”界面

(5) 如图 2-2-5 所示，在打开的“添加独立管理单元”对话框中选择“DNS”，单

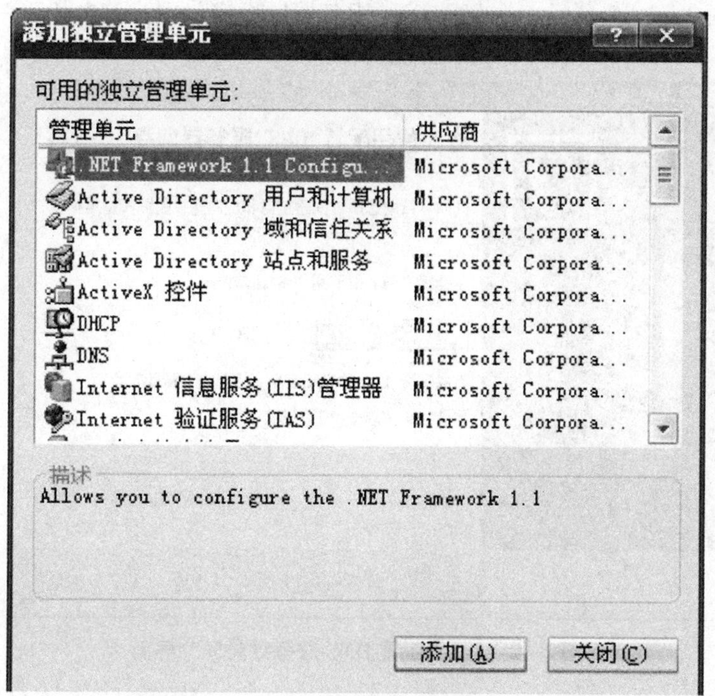

图 2-2-5　“可用的独立管理单元”界面

击“添加”，再单击“关闭”，最后单击“确定”按钮，把 DNS 服务添加入到控制台。

(6) 在图 2－2－5 所示的窗口中单击 DNS 下的“myserver”，再单击“操作”菜单，选择“配置 DNS 服务器”菜单命令，如图 2－2－6 所示，打开“配置 DNS 服务器向导”对话框。

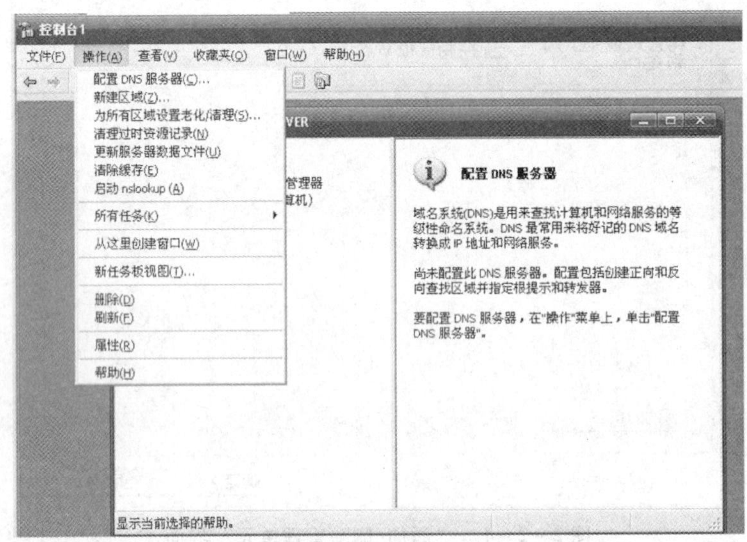

图 2－2－6　选择“配置 DNS 服务器”菜单命令

(7) 如图 2－2－7 所示，在配置 DNS 服务器向导窗口中，单击“下一步”按钮。

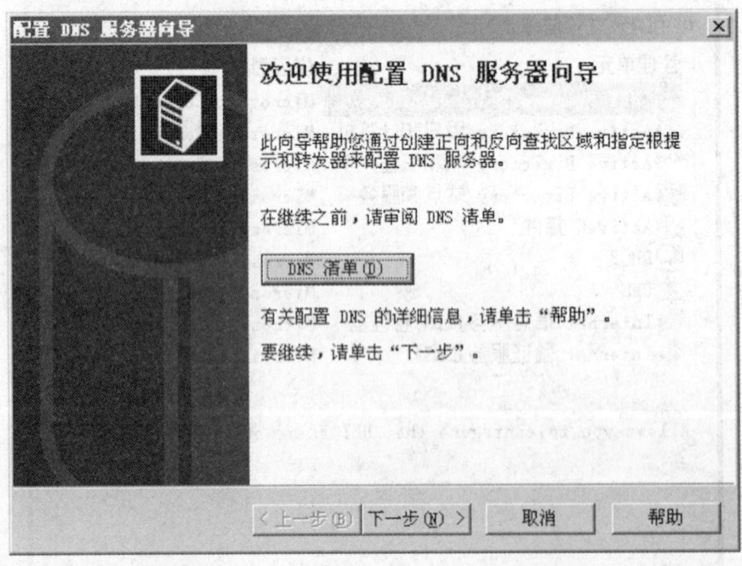

图 2－2－7　“配置 DNS 服务器向导”界面

（二）搭建主要区域

（1）如图 2－2－8 所示，选择"创建正向查找区域（适合小型网络使用）"，单击"下一步"按钮。

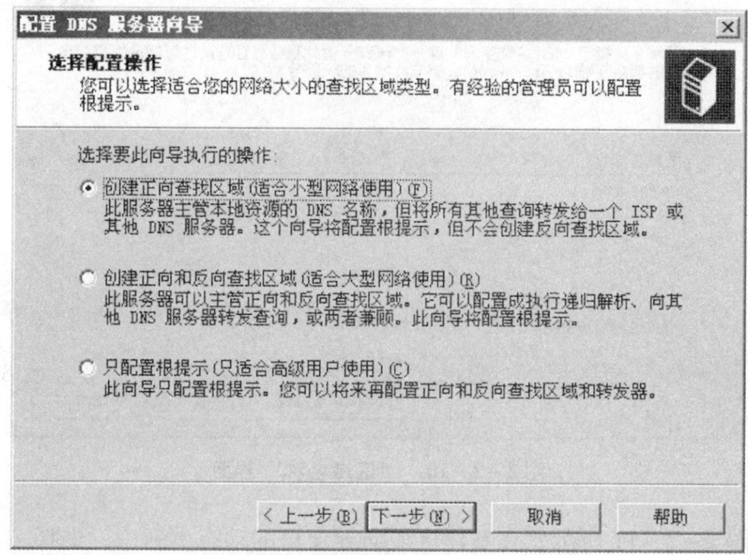

图 2－2－8　"选择配置操作"界面

（2）如图 2－2－9 所示，选择"这台服务器维护该区域"，单击"下一步"按钮。

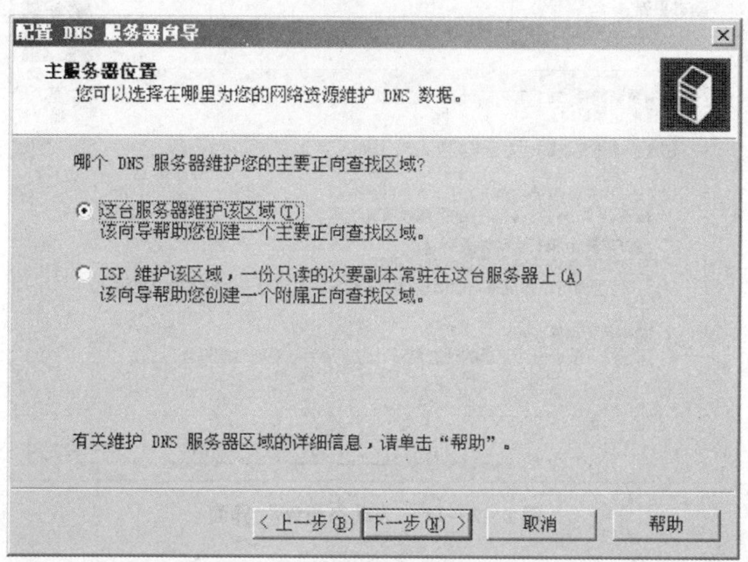

图 2－2－9　"主服务器位置"界面

（3）如图 2－2－10 所示，在新建区域向导窗口的区域名称中，输入“mydns.com”，单击“下一步”按钮。

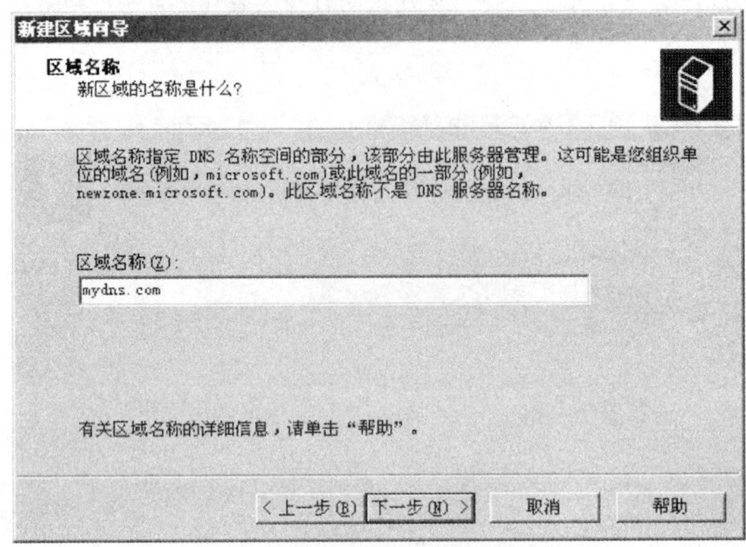

图 2－2－10　“区域名称”界面

（4）如图 2－2－11 所示，在新建区域向导窗口的动态更新中，选择“不允许动态更新”，单击“下一步”按钮。

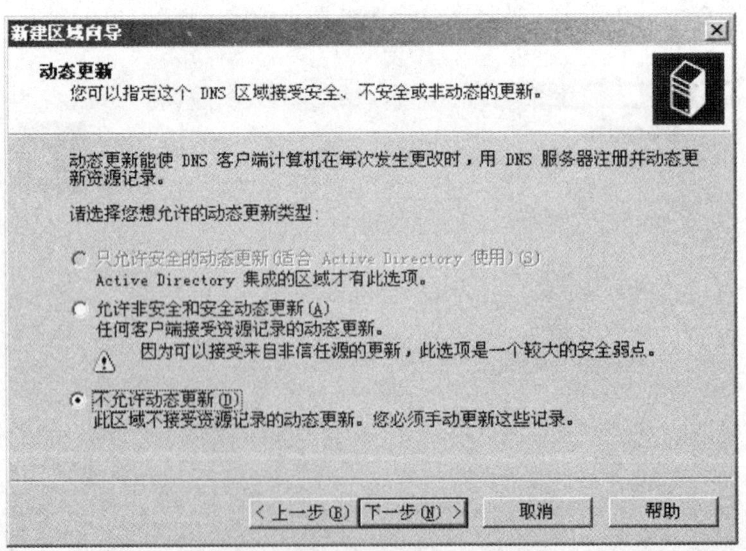

图 2－2－11　“动态更新”界面

（5）如图 2－2－12 所示，如果选择转发，应该输入转发 DNS 服务器的 IP 地址。选择不转发，就不用输入任何信息。

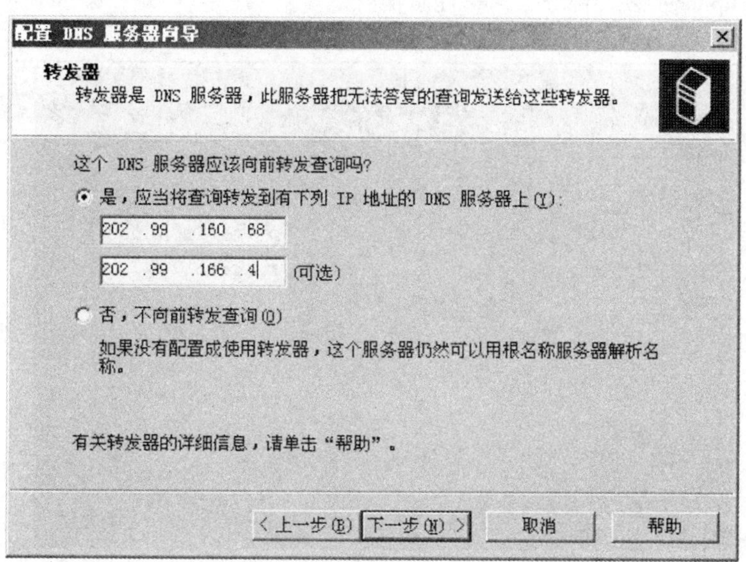

图 2－2－12　“转发器”界面

（6）如图 2－2－13 所示，在新建主机窗口中，名称下输入 www，IP 地址输入 192.168.0.200，单击“添加主机”按钮。

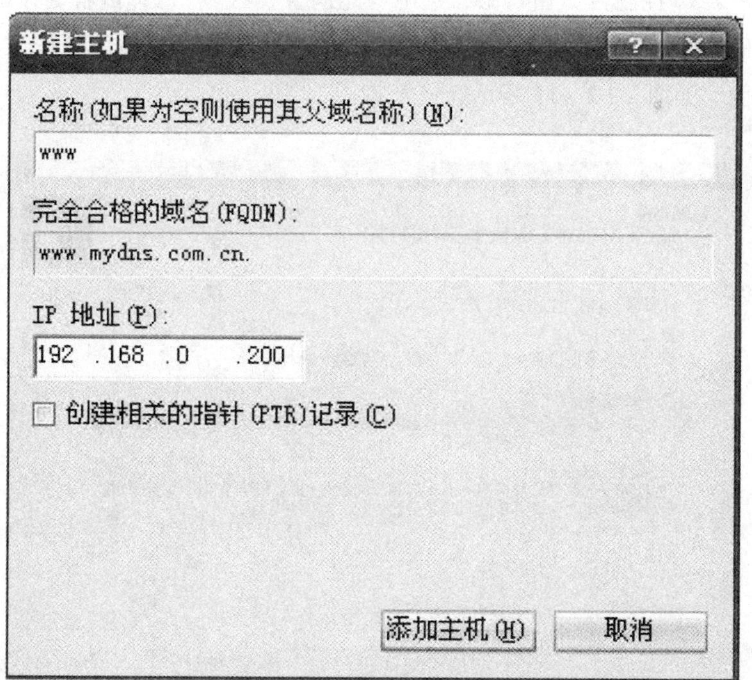

图 2－2－13　“新建主机”界面

（7）如图 2－2－14 所示，单击“开始”按钮，选择“运行”出现命令测试窗口。

输入“nslookup”命令，出现“>”提示信息。

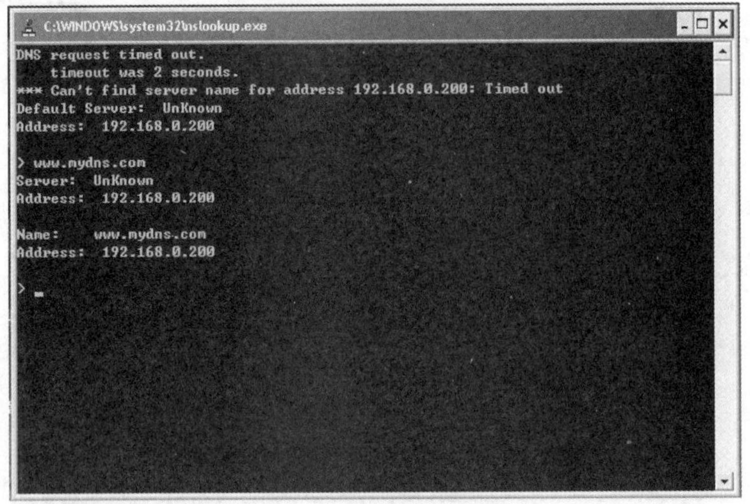

图 2-2-14　命令测试窗口

（三）创建多个 DNS 区域

（1）在“DNS 控制台”窗口中，选中“正向查找区域”，单击右键弹出右键菜单，选择“新建区域”，弹出“新建区域向导”对话框 。单击“下一步”按钮，弹出“区域类型”界面，如图 2-2-15 所示。

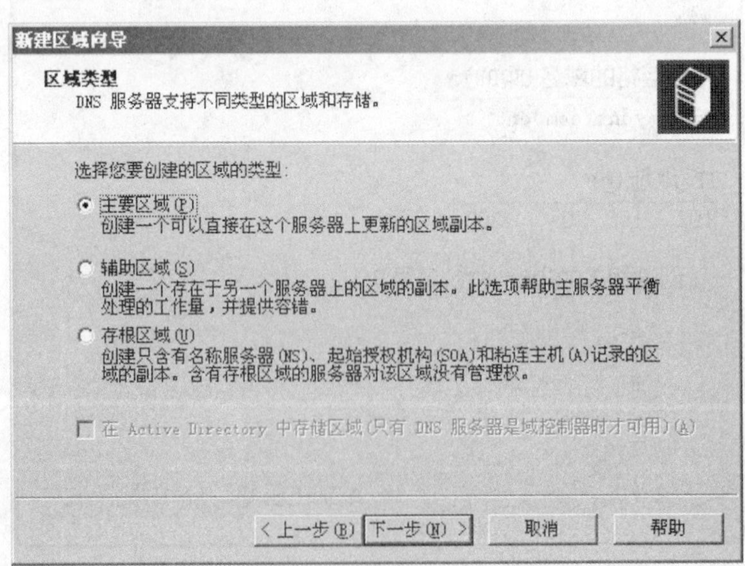

图 2-2-15　“区域类型”界面

（2）创建辅助搜索区域。在“DNS 控制台”窗口中，选中“正向查找区域”，单击右键弹出右键菜单，选择“新建区域”，弹出“新建区域向导”对话框，单击“下一步”按钮，弹出“区域类型”对话框，此时，不选择“主要区域”而选择“辅助区域”，如图 2-2-16 所示，单击“下一步”按钮，同样弹出输入域名对话框，输入新的域名，本例为“yourdns. net”，单击“下一步”按钮，此时，不再弹出输入数据库名的对话框，而弹出输入主 DNS 服务器的 IP 地址，本例为“192. 168. 0. 15”当然，必须保证“192. 168. 0. 15”也安装了 DNS 服务。

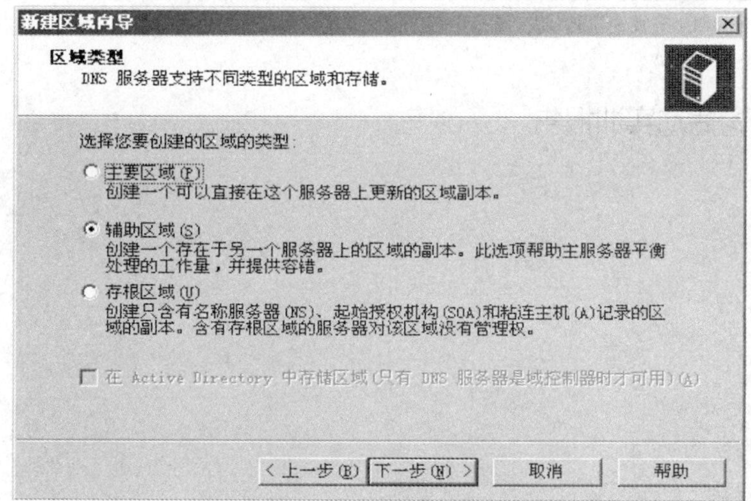

图 2-2-16　选择“辅助区域”

五、预备知识

域名是为了方便记忆而专门建立的一套地址转换系统，要访问一台互联网上的服务器，最终还必须通过 IP 地址来实现，域名解析就是将域名重新转换为 IP 地址的过程。这一过程通过域名解析系统 DNS 来完成。

正向解析：通过主机名获取其对应的广域网 IP 地址；同时通过主机名名称查看正向解析信息。

命令行输入“nslookup domain”，从返回的信息中您可以看到正向解析的结果。

六、学习活动检查与评价（如下表所示）

学习活动二检查与评价

评价要点		自评	互评	教师评
专业知识点	了解 DNS 正向解析原理			
	知道在客户机上解析域名的方法			
专业实训能力	会配置 DNS 服务器的正向查找区域			

说明：评价分为四个等级，分别为优、良、一般、差，其中教师评价为总评结果。

七、学习活动实训报告

______实训报告

专业：______

姓名：______

学号：______

日期：______

组号		组长	
实训名称			
成绩			

一、实训目的

二、实训步骤（具体过程）

三、实训结论

四、小结

学习活动三　安装 DNS 服务器反向查找区域

【学习目标】

通过本活动学习，学会创建 DNS 服务器的反向查找区域。

【学习重点】

会配置 IP 到 DNS 地址的域名解析。

【学习过程】

一、学习活动背景

要具体配置 DNS 的解析记录，先要配置区域。区域为正向区域和反向区域，以实现不同的解析方向，现在配置一个反向区域。

二、学习活动描述

DNS 服务器已经配置好正向区域，要想实现从 IP 地址到域名的反射解析，就要进行反向区域的配置。

三、学习活动要求

在服务器中安装 DNS 主要区域，要求如下：

（1）服务器 IP 地址：192. 168. 0. 200。

（2）输入 IP 地址 192. 168. 0. 200 解析到服务器的域名 www. mydns. com。

四、学习活动实施

（1）在 DNS 控制台窗口中，右击“反向查找区域”文件夹，在弹出的快捷菜单中单击“新建区域”命令，弹出如图 2 – 3 – 1 所示的“新建区域向导”对话框，单击“下一步”按钮。

（2）如图 2 – 3 – 2 所示，选择“主要区域”，单击“下一步”按钮。

（3）如图 2 – 3 – 3 所示，输入网络 ID“200”，单击“下一步”按钮。

（4）如图 2 – 3 – 4 所示，区域文件名按照默认即可，单击“下一步”按钮。

（5）如图 2 – 3 – 5 所示，由于只在这台计算机上安装 DNS 服务，所以选择“不允许动态更新”，再单击“下一步”按钮。

（6）如图 2 – 3 – 6 所示，单击“完成”按钮完成区域创建。

（7）如图 2 – 3 – 7 所示，右击“反向查找区域”下的“192. 168. 0”，在右键菜单

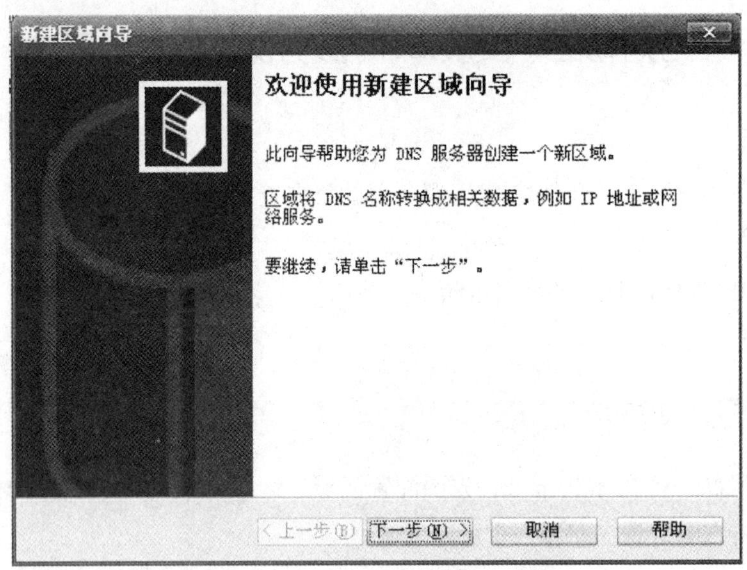

图 2-3-1　“新建区域向导”对话框

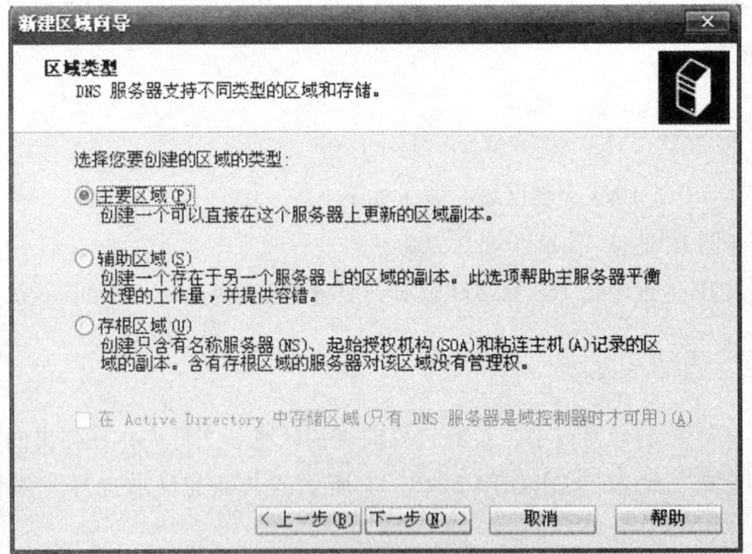

图 2-3-2　选择“主要区域”

中选择“创建指针”。

(8) 如图 2-3-8 所示，在“新建资源记录”窗口中的“主机 IP 号”中输入“200”；在“主机名”中通过“浏览”按钮找到主机记录 www.mydns.com，单击“确定”完成添加，再单击“确定”按钮。

(9) 如图 2-3-9 所示，在提示符窗口中输入“nslookup”命令，接着在“>”

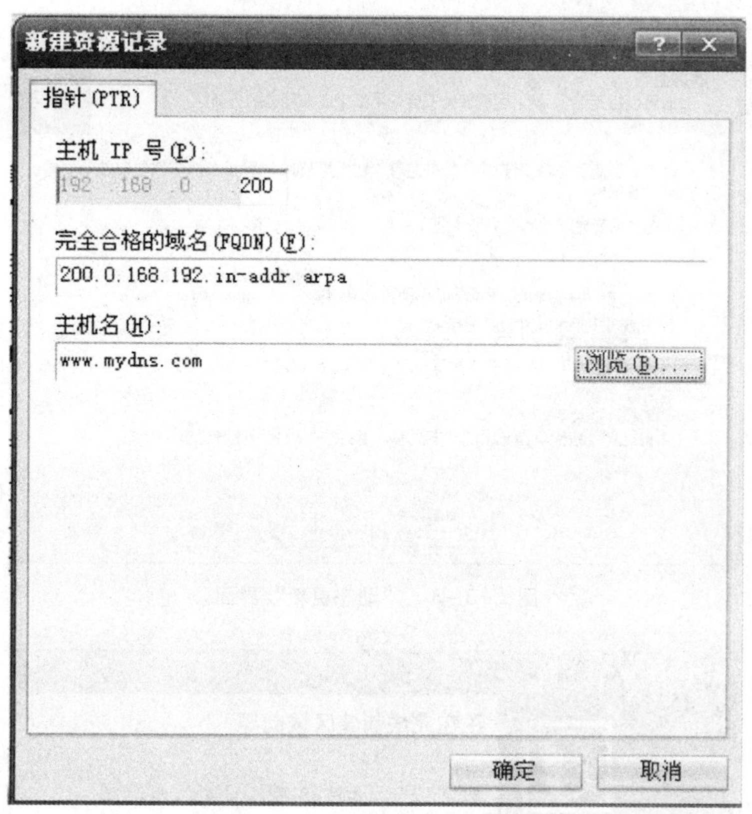

图 2-3-3 “指针（PTR)”界面

新建区域向导

区域文件

您可以创建一个新区域文件和使用从另一个 DNS 服务器复制的文件。

您想创建一个新的区域文件，还是使用一个从另一个 DNS 服务器复制的现存文件?

◉ 创建新文件，文件名为(C):

0.168.192.in-addr.arpa.dns

○ 使用此现存文件(U):

要使用此现存文件，请确认它已经被复制到该服务器上的 %SystemRoot%\system32\dns 文件夹，然后单击“下一步”。

< 上一步(B) 下一步(N) > 取消 帮助

图 2-3-4 “区域文件”界面

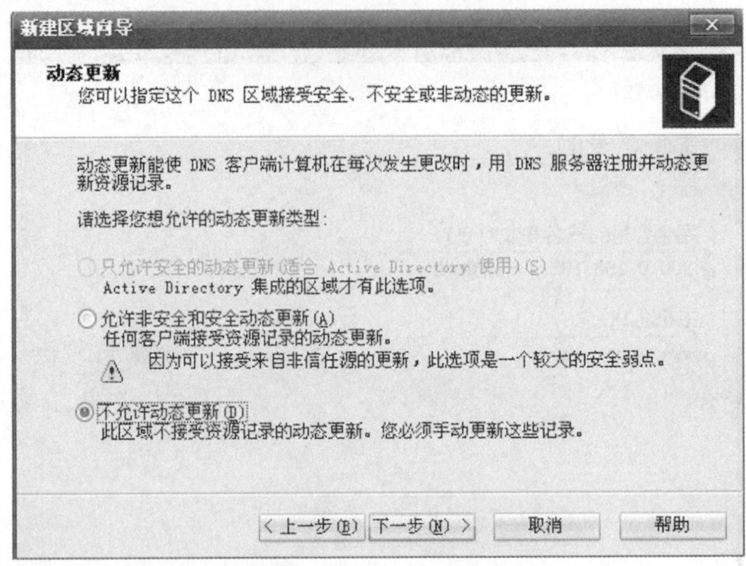

图 2－3－5 “动态更新”界面

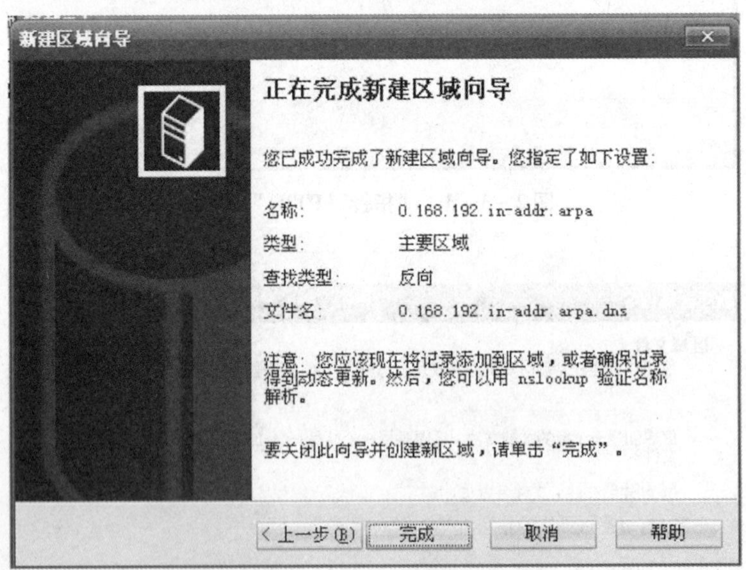

图 2－3－6 完成新建区域创建

提示符后输入“192.168.0.200”并按回车键，这时就会出现：

Name：www.mydns.com

Address：192.168.0.200

五、预备知识

我们经常使用到的 DNS 服务器里面有两个区域，即“正向查找区域”和“反向查

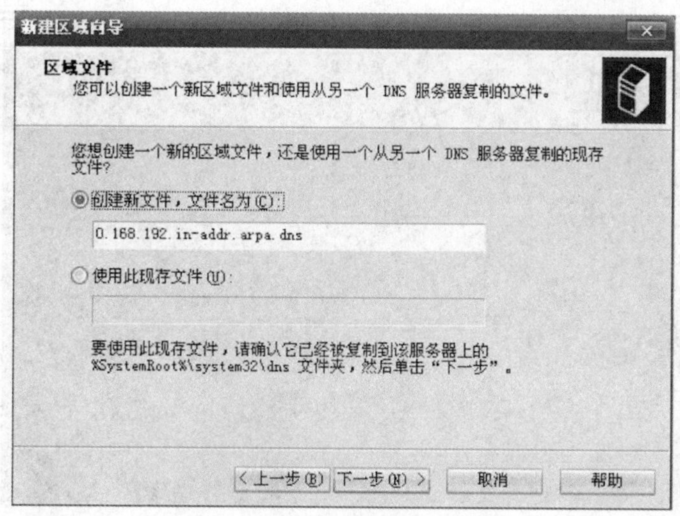

图 2-3-7 “区域文件”界面

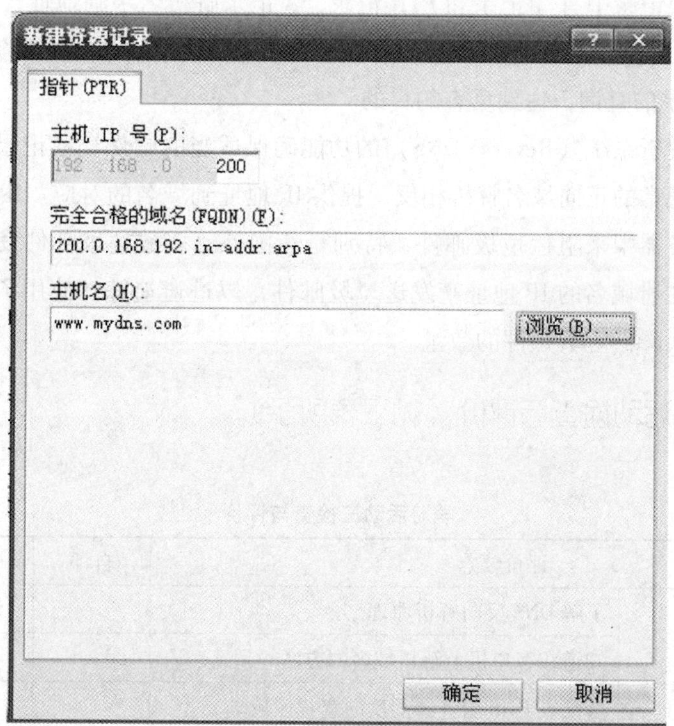

图 2-3-8 “新建资源记录”界面

找区域”，正向查找区域就是我们通常所说的域名解析，反向查找区域即是这里所说的 IP 反向解析，它的作用就是通过查询 IP 地址的 PTR 记录来得到该 IP 地址指向的域名，当然，要成功得到域名就必须要有该 IP 地址的 PTR 记录。PTR 记录是邮件交换记录的

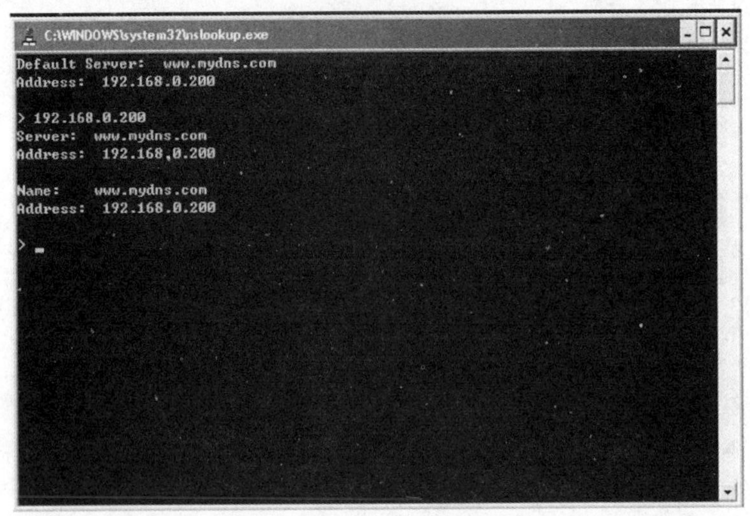

图 2-3-9　命令测试界面

一种，邮件交换记录中有 A 记录和 PTR 记录，A 记录解析名字到地址，而 PTR 记录解析地址到名字。地址是指一个客户端的 IP 地址，名字是指一个客户的完全合格域名。通过对 PTR 记录的查询，达到反查的目的。

反向域名解析系统（Reverse DNS）的功能确保适当的邮件交换记录是生效的。反向域名解析与通常的正向域名解析相反，提供 IP 地址到域名的对应。IP 反向解析主要应用到邮件服务器中来阻拦垃圾邮件，特别是在国外。多数垃圾邮件发送者使用动态分配或者没有注册域名的 IP 地址来发送垃圾邮件，以逃避追踪，使用了域名反向解析后，就可以大大降低垃圾邮件的数量。

六、学习活动检查与评价（如下表所示）

学习活动三检查与评价

评价要点		自评	互评	教师评
专业知识点	了解 DNS 反向解析原理			
	知道在客户机上解析域名的方法			
专业实训能力	会配置 DNS 服务器的反向查找区域			

说明：评价分为四个等级，分别为优、良、一般、差，其中教师评价为总评结果。

七、学习活动实训报告

____________实训报告

专业：____________________

姓名：____________________

学号：____________________

日期：____________________

组号		组长	
实训名称			
成绩			

一、实训目的

二、实训步骤（具体过程）

三、实训结论

四、小结

学习活动四 创建和管理 DNS 资源记录

【学习目标】

通过本活动学习，学会创建 DNS 服务器的别名、邮件交换器记录。

【学习重点】

掌握添加主机的别名、邮件交换器的方法。

【学习过程】

一、学习活动背景

若同一计算机提供多种服务，可以在域名上添加别名。邮件交换器资源记录就像电子邮件系统中的指挥调度中心，将邮件客户机发送的电子邮件转发到邮件服务器进行处理。

二、学习活动描述

在 DNS 服务器配置好的条下，配置从 IP 地址到 DNS 域名的解析。

三、学习活动要求

（1）对主机记录 www 添加别名“ftp”。

（2）建立一个用于邮件服务器主机记录 mail. mydns. com，并对该记录建立邮件交换记录。

四、学习活动实施

（1）创建别名，同创建主机记录一样，在 DNS 控制台窗口中，选中要创建主机记录的区域（如 mydns. com），单击鼠标右键，在弹出的右键菜单中，选择“新建别名”项，就会弹出“别名”对话框，如图 2－4－1 所示。

（2）创建邮件交换器，同创建主机记录一样，在 DNS 控制台窗口中，选中要创建邮件交换器记录的区域（如 mydns. com），单击鼠标右键，在弹出的右键菜单中，选择“新建邮件交换器”，就会弹出“邮件交换器”界面，如图 2－4－2 所示。

（3）测试别名和邮件交换器记录，单击“开始”按钮，选择“运行”出现命令窗口。输入“nslookup”命令，出现“ > ”提示信息，如图 2－4－3 所示。

（4）创建其他资源记录，同创建主机记录一样，在 DNS 控制台窗口中，选中要创建主机记录的区域（如 mydns. com），单击鼠标右键，在弹出的右键菜单中，选择“其他新记录”，就会弹出“选择资源记录类型”界面，如图 2－4－4 所示。

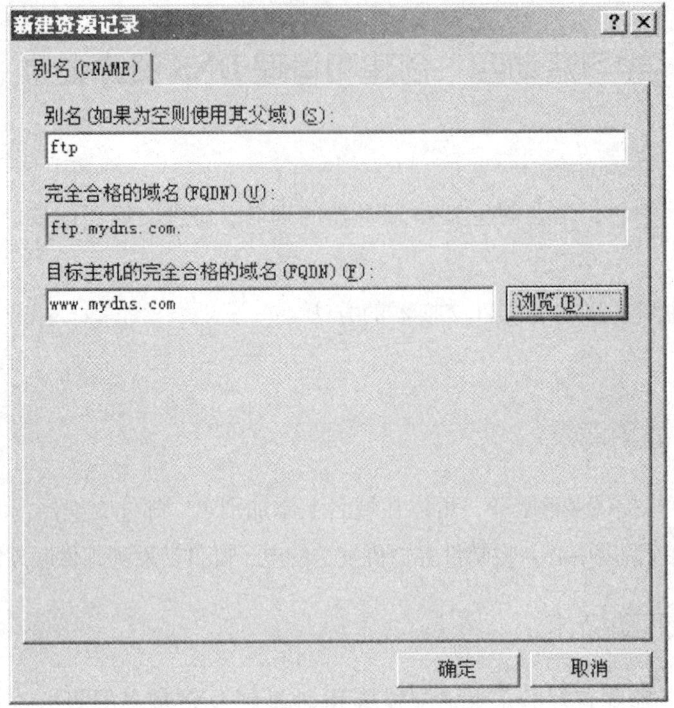

图 2-4-1 “别名”对话框

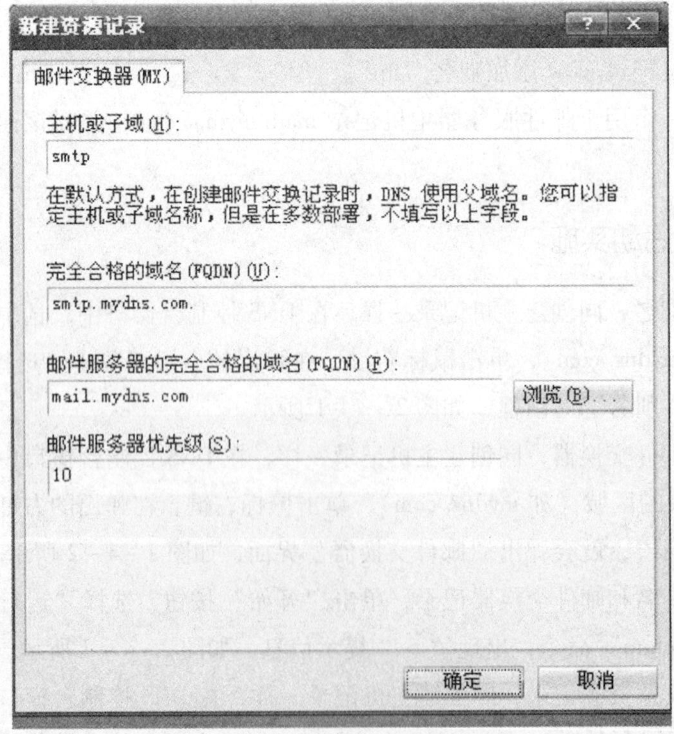

图 2-4-2 “邮件交换器”界面

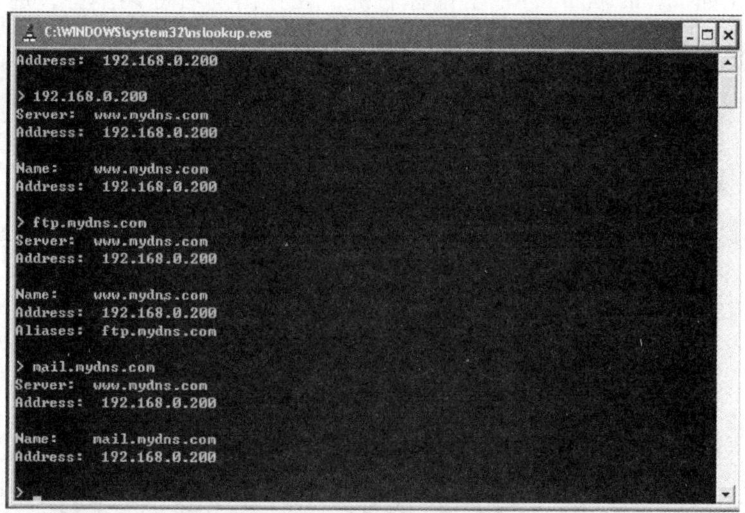

图 2-4-3　命令测试界面

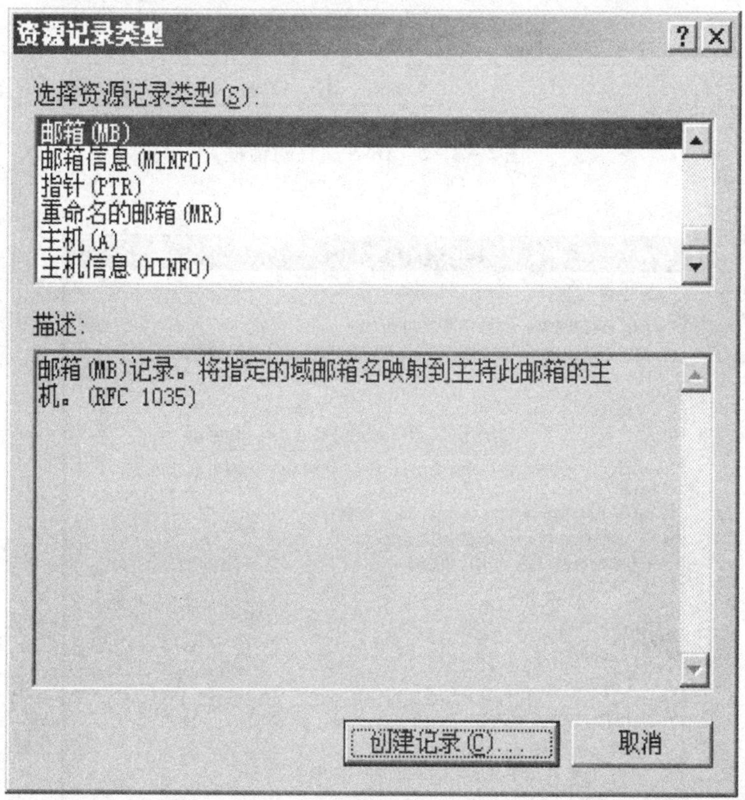

图 2-4-4　"选择资源记录类型"界面

（5）DNS 动态更新（服务器端设置）后，在 DNS 控制台窗口中，选中要创建主机记录的区域（如 mydns. com），单击鼠标右键，在弹出的右键菜单中，选择“属性”，就会弹出 DNS 属性对话框，如图 2－4－5 所示。

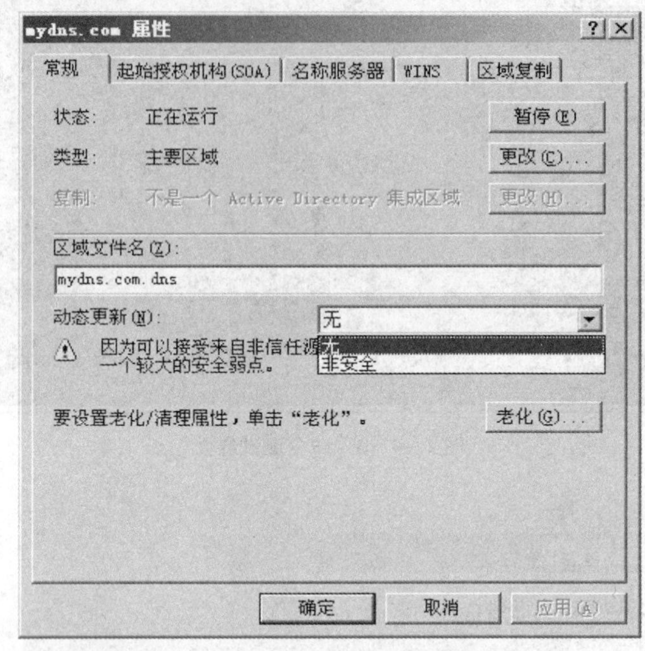

图 2－4－5　**DNS 属性对话框**

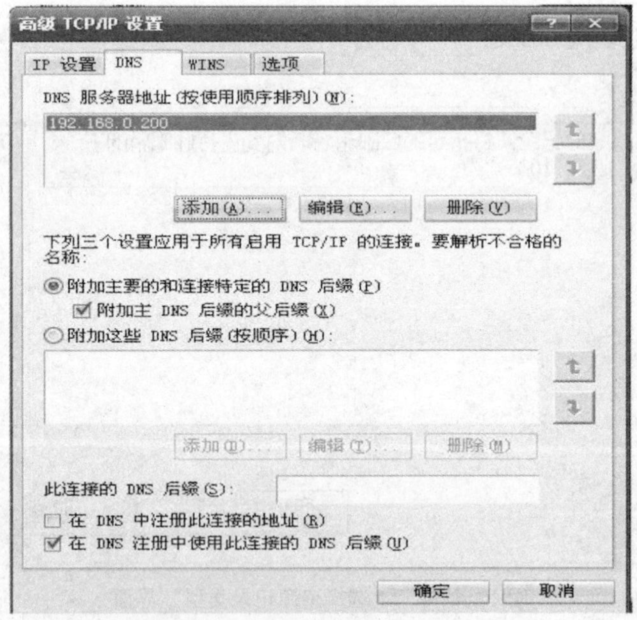

图 2－4－6　“高级 TCP/IP 设置”界面

（6）DNS 动态更新（客户端设置）后，在客户端的计算机上选中“网上邻居”，单击鼠标右键，弹出右键菜单，选择“属性”，弹出本地连接属性对话框。

选中 Internet 协议（TCP/IP），单击“属性”按钮。弹出“Internet 协议（TCP/IP）”属性窗口，设置完 IP 地址和 DNS 服务器地址后，选择“高级”按钮，弹出“高级 TCP/IP 设置”对话框，勾选“在 DNS 注册中使用此连接的 DNS 后缀”选项，如图 2－4－6 所示。

五、学习活动检查与评价（如下表所示）

学习活动四检查与评价

评价要点		自评	互评	教师评
专业知识点	了解 DNS 资源记录基础知识			
	理解添加主机别名、邮件交换器方法			
专业实训能力	会创建 DNS 资源记录			

说明：评价分为四个等级，分别为优、良、一般、差，其中教师评价为总评结果。

六、学习活动实训报告

________实训报告

专业：________________

姓名：________________

学号：________________

日期：________________

组号		组长	
实训名称			
成绩			

一、实训目的

二、实训步骤（具体过程）

三、实训结论

四、小结

学习情境三　配置 Web 服务器

学习情境背景

今天，几乎每个公司都用自己网站宣传公司和公司的产品，要实现这些功能，就需要建设网站配置 Web 服务器。Web 服务也是 Internet 中最重要、最常用的服务，它可以用于信息发布、数据处理、网络办公等。企业建立了自己网站，就可以通过 Web 服务器发布出去，使每个人都了解到企业信息，达到宣传目的。互联网飞速发展，给人们的工作、生活带来了非常便利的条件。

学习目标

通过本情境的学习，会安装、配置 Web 服务器，会通过 Outlook 软件进行邮件的发送和接收。

学习活动安排

（1）搭建 Web 服务器（IIS）。

（2）配置 Web 服务器。

（3）使用 IP 地址创建 Web 网站。

（4）使用主机头创建 Web 网站。

学习过程流程图

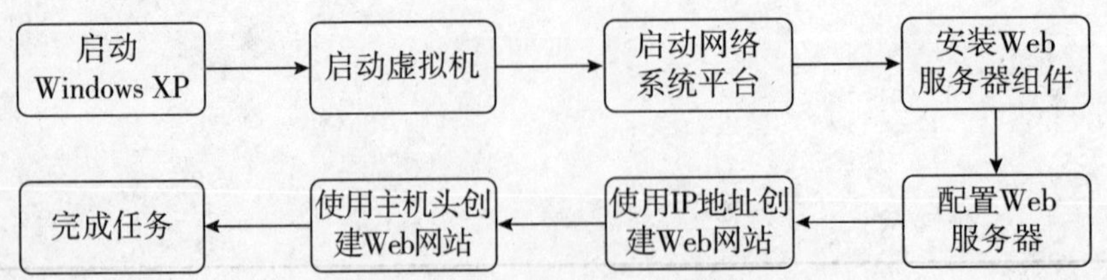

学习活动一 搭建 Web 服务器（IIS）

【学习目标】

通过本活动学习，学会搭建 Web 服务器（IIS）。

【学习重点】

会安装 IIS。

【学习过程】

一、学习活动背景

Windows Server 2003 的 Internet 信息服务用于在 Internet 上提供集成、可靠、可伸缩、安全和可管理的 Web 服务器的功能。为系统管理员创建和管理 Internet 信息服务器提供各种管理功能和操作方法。IIS 可以控制和管理网站、NNTP 和简单的邮件传输协议（SMTP）等。支持用于开发、实现和管理 Web 应用程序的最新 Web 标准。

二、学习活动描述

要搭建 Web 服务器，必须安装 IIS。

三、学习活动要求

在一台 Windows Server 2003 服务器上安装 IIS。

四、学习活动实施

（1）选择“开始 | 管理您的服务器”，打开“管理您的服务器”窗口，单击“添加或删除角色”选项，如图 3－1－1 所示。

（2）如图 3－1－2 所示，在“配置您的服务器向导”预备步骤窗口，单击“下一步”按钮。

（3）如图 3－1－3 所示，选择安装“应用程序服务器”，单击“下一步”按钮。

（4）如图 3－1－4 所示，选择“FrontPage Server Extension（F）”和“启用 ASP.NET（E）”两个选项，单击“下一步”按钮。

（5）如图 3－1－5 所示，查看安装选项，单击“下一步”按钮。

（6）如图 3－1－6 所示，正在进行安装。

（7）如图 3－1－7 所示，最后单击“完成”按钮，完成安装。

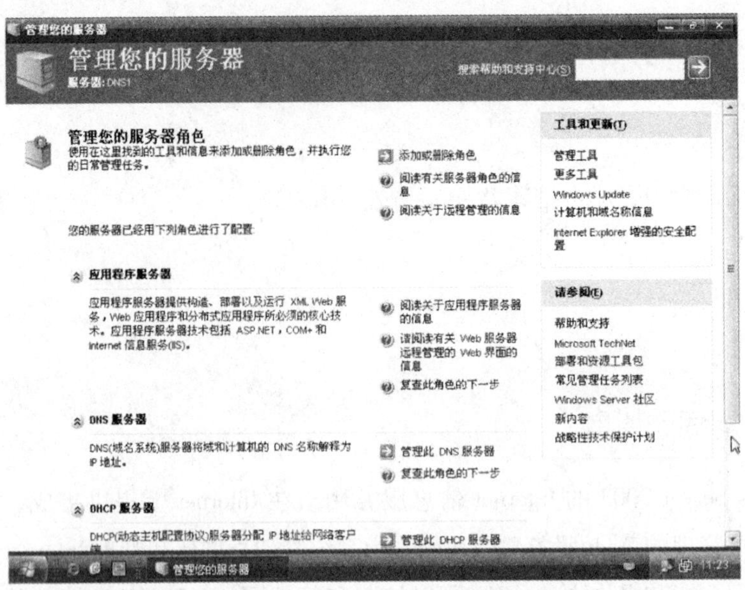

图 3－1－1　“管理您的服务器”界面

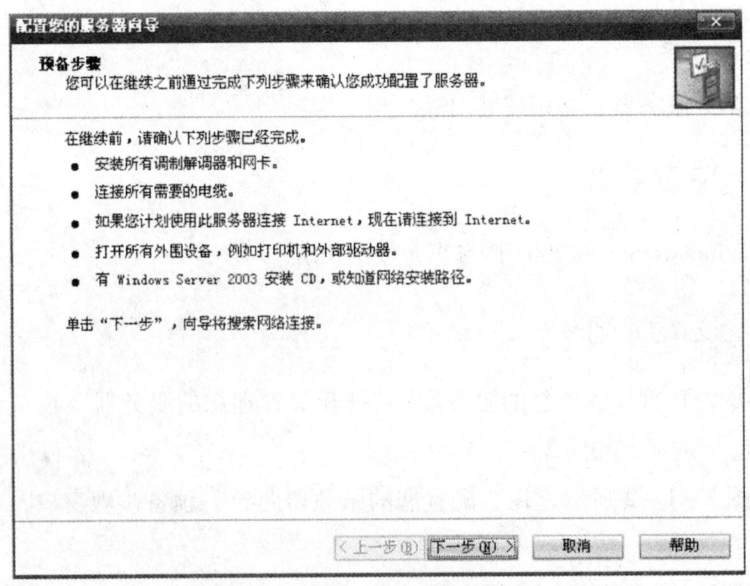

图 3－1－2　“预备步骤”界面

五、预备知识

Internet 又称“因特网”，它的前身是 ARPAnet，由于 Internet 的发展沿用了 ARPAnet技术和协议，而且在 Internet 正式形成之前，已经建立了以 ARPAnet 为主的网络。Internet 采用 TCP/IP 协议将世界范围内的计算机网络连接在一起，成为当今世界最

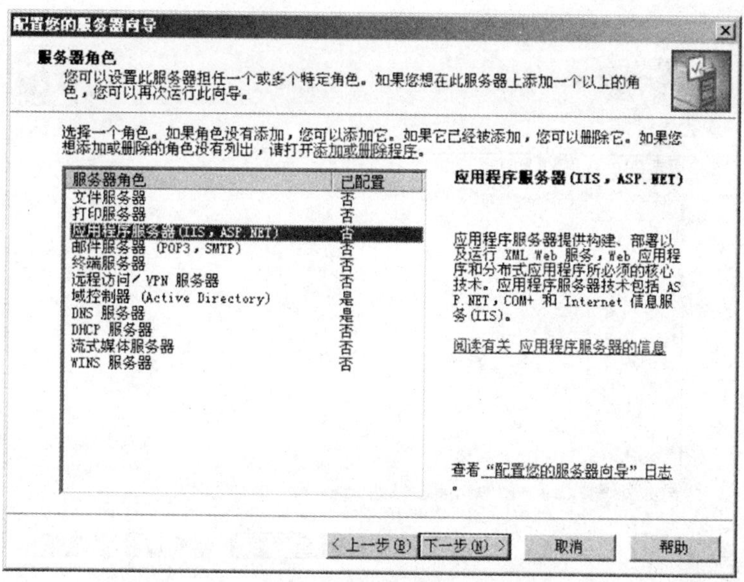

图 3-1-3 "服务器角色"界面

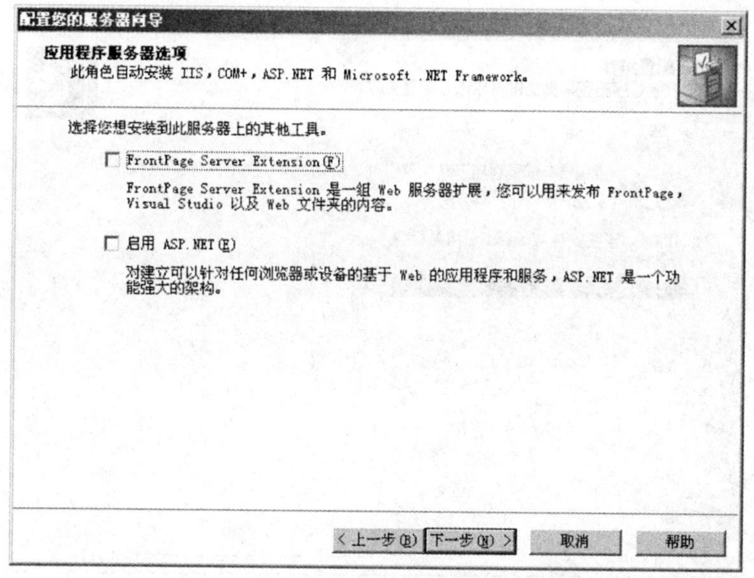

图 3-1-4 "应用程序服务器选项"界面

大的、应用最广泛的全球性的互联网，也是信息资源最多的全球开放性的信息资源网。

Internet 之所以能得到普及应用和迅速发展，与它能为人类提供的信息服务功能是分不开的。Internet 的主要信息服务有以下几种：远程登录（Telnet）、文件传输（FTP）、电子邮件（E-mail）、电子公告牌（BBS）、信息浏览（Gopher）、超文本超媒体浏览（WWW）、自动标题搜索（Archie）、自动搜索（WAIS）、域名服务系统

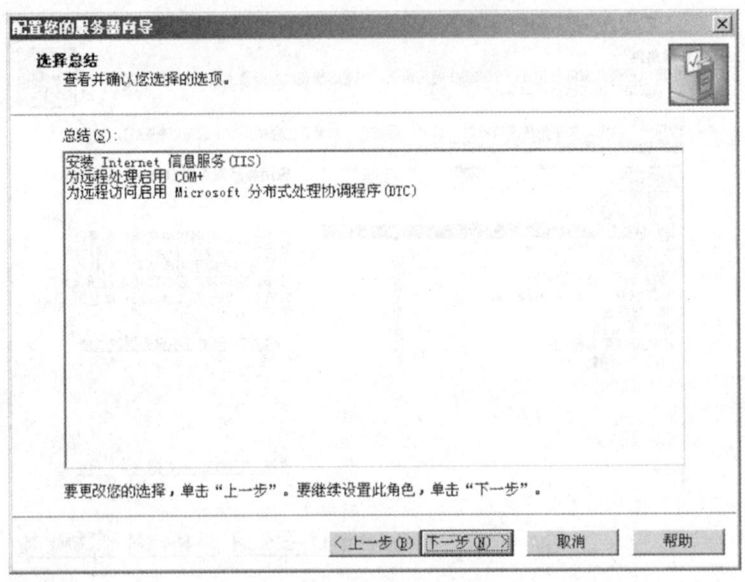

图 3－1－5 “选择总结”界面

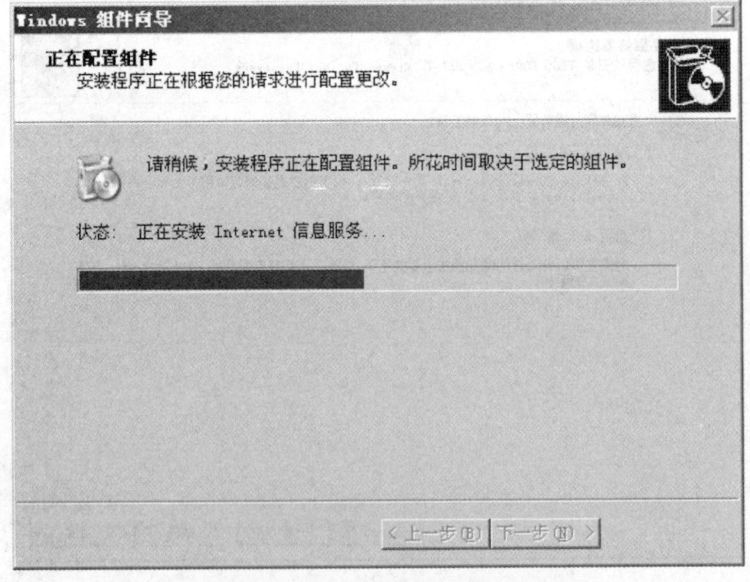

图 3－1－6 “正在配置组件”界面

(DNS) 等。其中电子邮件（E－mail）和超文本超媒体（WWW）服务已经成为目前最常用、最重要的 Internet 信息服务方式，而自动标题搜索（Archie）和自动搜索(WAIS) 已经被基于 WWW 的高效率、高命中率、多功能的搜索引擎网站所代替，例如，Google、Yahoo、Baidu 等。而 DNS 则是 Internet 的固有功能性服务，DNS 主要完成将域名解析成对应的 IP 地址，使用户在获得某种信息服务时，可以不去记忆令人乏味

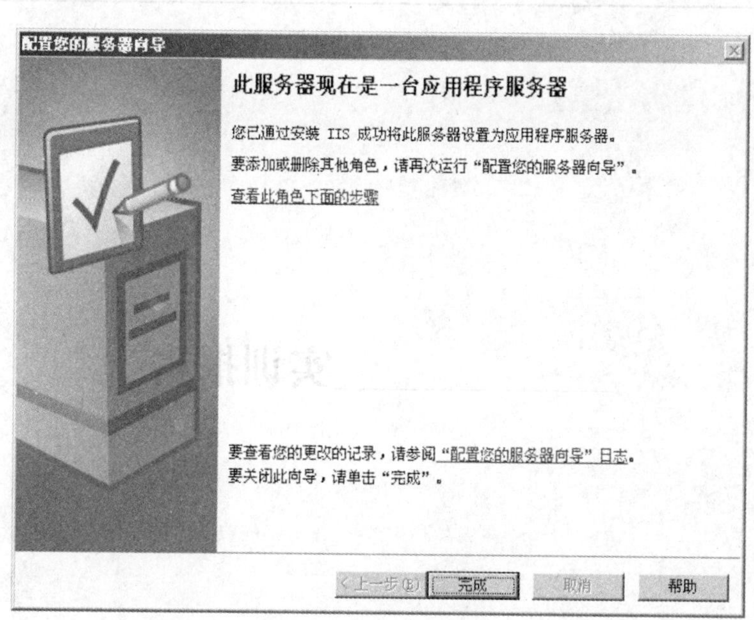

图 3－1－7　完成组件安装

的 IP 地址，而只需要记住网站的域名地址即可。

IIS（Internet Information Server，互联网信息服务）是微软公司提供的一种服务组件，包括 Web 服务器、FTP 服务器、NNTP 服务器和 SMTP 服务器，其作用是网页浏览、文件传输、新闻服务和邮件发送等，可以很容易地在互联网或局域网上发布信息。

六、学习活动检查与评价（如下表所示）

学习活动一检查与评价

评价要点		自评	互评	教师评
专业知识点	了解 Web 服务器基础知识			
	理解 IIS 作用			
专业实训能力	会安装 IIS			

说明：评价分为四个等级，分别为优、良、一般、差，其中教师评价为总评结果。

七、学习活动实训报告

______实训报告

专业：______

姓名：______

学号：______

日期：______

组号		组长	
实训名称			
成绩			

一、实训目的

二、实训步骤（具体过程）

三、实训结论

四、小结

学习活动二　配置 Web 服务器

【学习目标】

通过本活动学习，学会配置 Web 服务器和建立网页。

【学习重点】

配置 Web 服务器。

【学习过程】

一、学习活动背景

通过客户机访问 Web 服务器上的网页，首先在 Web 服务器上建立相应的文件夹和网页。

二、学习活动描述

IIS 组件已安装，会生成一个默认的 Web 站点，为整个网络提供 Web 服务。同时在记事本用 HTML 语言生成简单的网页文件，为后续的内容做准备。

三、学习活动要求

（1）在 Web 服务器中设置路径“c：\ inetpub \ wwwroot”。

（2）在记事本创建网页“Index. htm”。

四、学习活动实施

（1）启动 Internet 信息服务。依次单击“开始 | 程序 | 管理工具 | Internet 服务管理器”，启动“Internet 信息服务管理器 ”，如图 3 –2 –1 所示。

（2）使用默认站点。选中“默认网站”，单击鼠标右键，弹出右键菜单，选择“属性”命令，弹出“默认网站属性”对话框，设置 IP 地址为 192. 168. 0. 200，TCP 端口为 80，如图 3 –2 –2 所示。

（3）如图 3 –2 –3 所示，选择“主目录”选项卡，在“本地路径”文本框中输入“c：\ inetpub \ wwwroot”。

（4）如图 3 –2 –4 所示，选择“文档”选项卡，“启用默认内容文档”的复选框已经选中，在默认文档列表框中有 4 个文件都可以作为默认文档，这里选择“Index. htm”作为网站的首页。

默认网站的文件位于系统盘根目录下，默认文件夹为“Inetpub \ wwwroot”，打开该文件夹，在该文件夹下，使用记事本程序，新建一个名为“default. htm”的文件 。

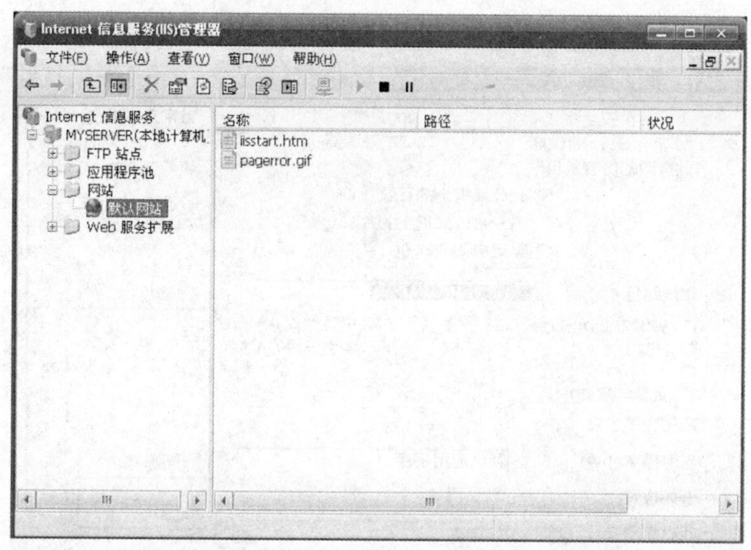

图 3－2－1　“Internet 信息服务管理器”窗口

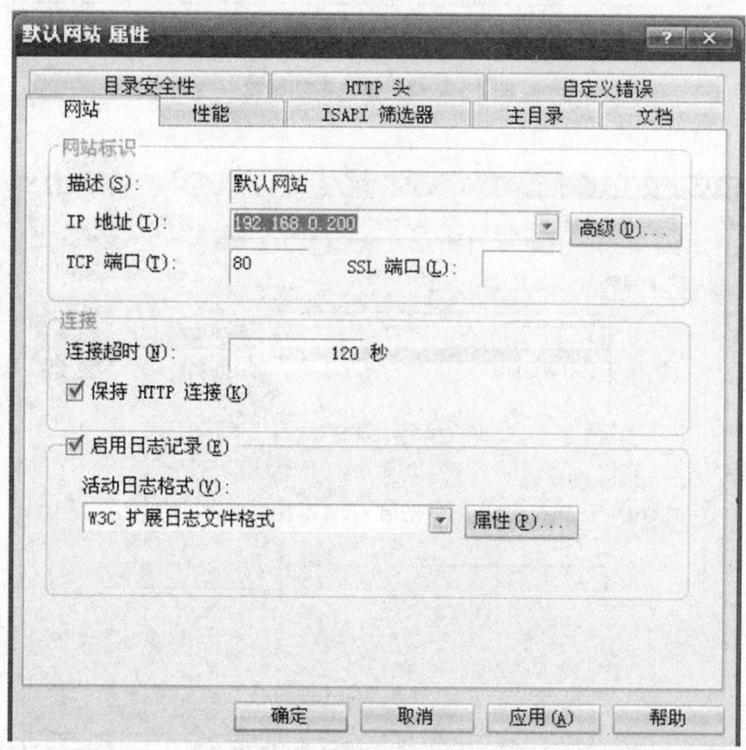

图 3－2－2　设置 IP 地址和 TCP 端口

（5）建立演示网页。用记事本打开该网页文件“Index. htm”，输入以下内容，然后存盘退出。

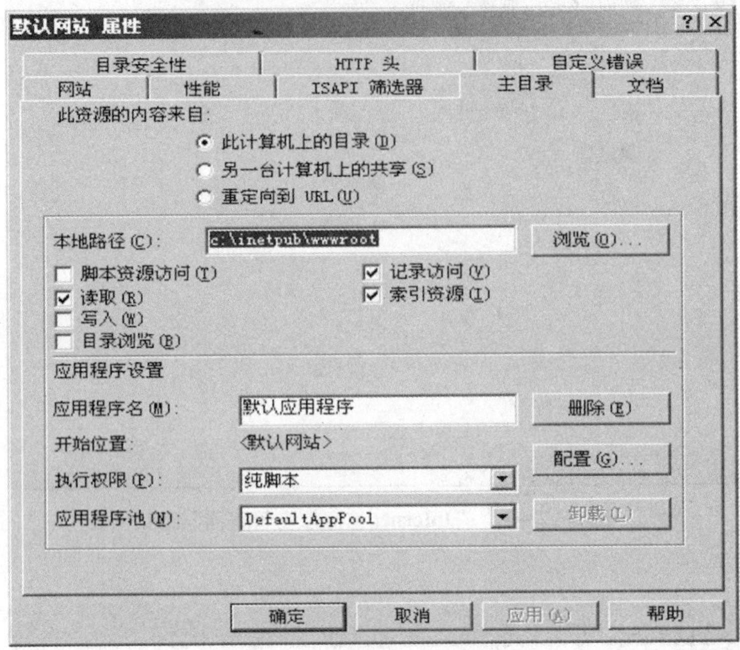

图 3-2-3　输入本地路径

图 3-2-4　设置默认文档

```
<html>
<head>
<title>这是个演示网页</title>
</head>
<body>
<p>这是个演示网页</p>
<p>主要是显示现在使用的是哪个服务器。</p>
<p>现在我们使用的是“默认网站”，请确认。</p>
</body>
</html>
```

在其他的一台与本服务器同一网络的计算机上，双击桌面上的“Internet Explorer”图标，打开 IE 浏览器，在地址栏输入服务器 IP 地址，此时就可以浏览到刚建立的网页了，如图 3－2－5 所示。

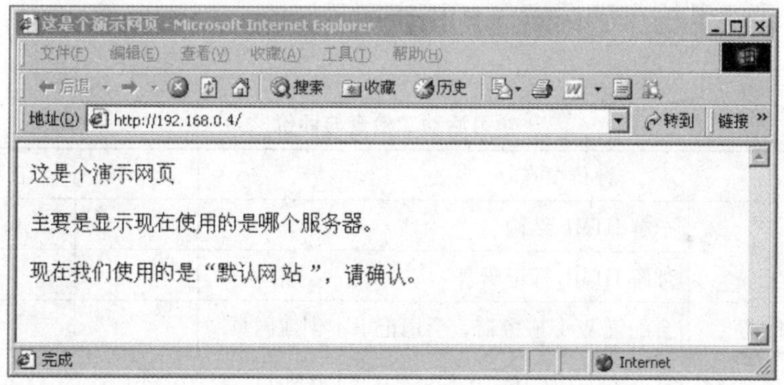

图 3－2－5　测试网站界面

五、预备知识

1. HTML 的定义

HTML 语言一般指超文本标记语言，是标准通用标记语言下的一个应用。“超文本”就是指页面内可以包含图片、链接，甚至音乐、程序等非文字元素。

2. HTML 的结构

<html>：档案的开头与结尾

<head>：文头区段（描述文件的资讯）

<title>文档的标题<title>：主题（必须放在文头区段）

</head>

<body>文档的主体 </body>：内文区段（内容所在）与结构相关的标记

</html>

3. HTML 的标记

（1）HTML。该元素指明你的文件包含 HTML 编码信息，文件扩展名 . html 也指明该文件是一个 HTML 文档而且必须使用。

（2）HEAD。头元素 HEAD 是你的 HTML 编码文档中包含标题 TITLE 的第一部分，标题是作为你的浏览器窗口的一部分来显示的 。

（3）TITLE。标题 TITLE 元素含有你的文档标题并且作为一种全局上下文识别其内容。标题通常显示在浏览器窗口的某个位置（通常在顶端），而不是在文本区。标题同时也用于热点列表 hotlist 或书签列表 bookmark list 中的显示，因此标题的选择应当是描述性的、独特的和相对简洁的。标题在 WAIS 服务中还用于搜索服务器。

（4）BODY。HTML 文档的第二部分，也是最大的部分是正文 BODY，它含有你的文档的内容（显示在你的浏览器窗口文本区的部分）。

六、学习活动检查与评价（如下表所示）

学习活动二检查与评价

评价要点		自评	互评	教师评
专业知识点	了解 HTML 结构			
	理解 HTML 标记语言			
专业实训能力	会配置 Web 服务器，会用记事本创建网页			

说明：评价分为四个等级，分别为优、良、一般、差，其中教师评价为总评结果。

七、学习活动实训报告

________实训报告

专业：________________

姓名：________________

学号：________________

日期：________________

组号		组长	
实训名称			
成绩			

一、实训目的

二、实训步骤（具体过程）

三、实训结论

四、小结

学习活动三　使用 IP 地址创建 Web 网站

【学习目标】

通过本活动学习，学会 IP 地址法创建 Web 网站。

【学习重点】

IP 地址法创建 Web 网站。

【学习过程】

一、学习活动背景

一个 Web 网站通常可以用 IP 地址来访问，即每个站点用一个 IP 地址来访问。

二、学习活动描述

IP 地址：192. 168. 0. 200。

子网掩码：255. 255. 255. 0。

首选 DNS 服务器：192. 168. 0. 200。

IIS 组件已安装；并使用默认网站建立网页的主页。

三、学习活动要求

（1）使用 IP 地址：192. 168. 0. 200 创建一个基于 IP 地址的 Web 网站。

（2）在记事本创建网页："Index. htm"。

四、学习活动实施

（1）如图 3－3－1 所示，在"运行"窗口中，输入"mmc"，单击"确定"按钮。

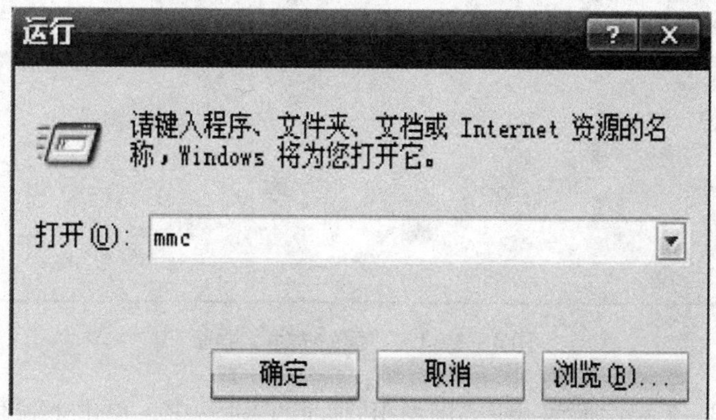

图 3－3－1　"运行"界面

（2）如图 3－3－2 所示，在“控制台 1”窗口中，选择“Internet 信息服务（IIS）管理器 | DNS1（本地计算机）| 网站”，右击“网站”，在弹出菜单中选择“新建 | 网站”，再在“网站创建向导”窗口中，单击“下一步”按钮。

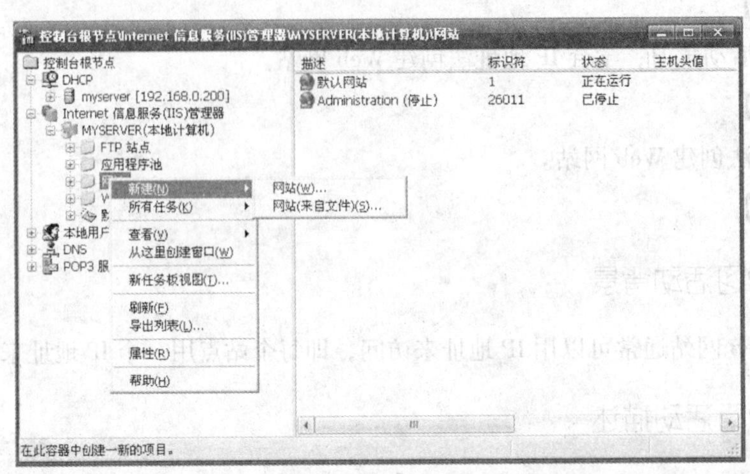

图 3－3－2　“控制台根节点”界面

（3）如图 3－3－3 所示，在“网站创建向导”窗口中，输入网站描述“基于 IP 的网站”，单击“下一步”按钮。

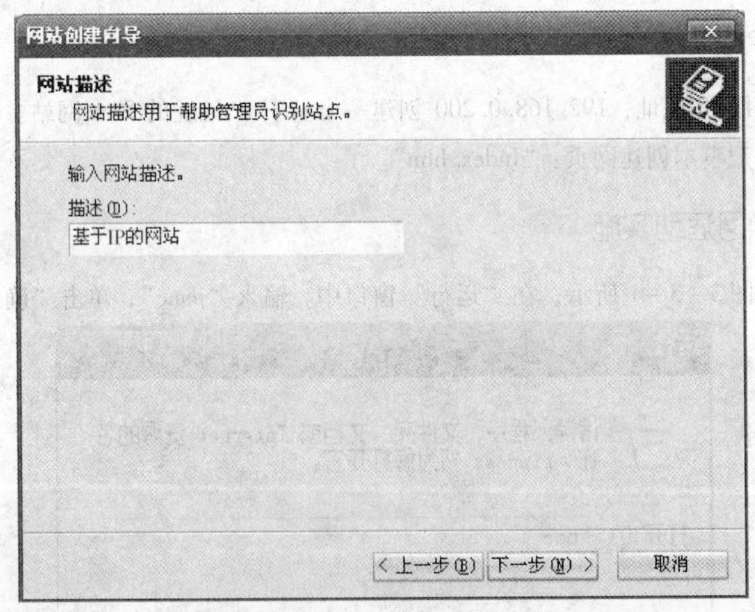

图 3－3－3　“网站描述”界面

（4）如图 3－3－4 所示，在“网站 IP 地址（E）”中，单击下拉列框中的按钮，选择本机 IP 地址 192.168.0.200，端口默认为 80，单击“下一步”按钮。

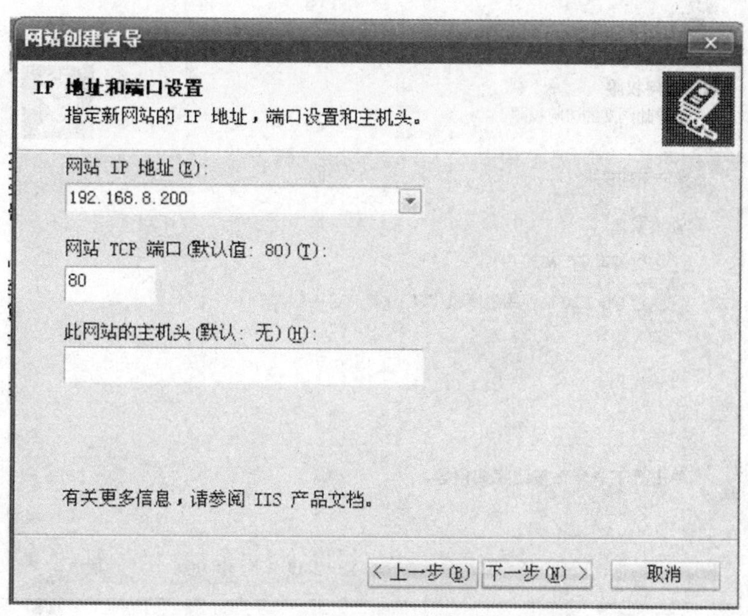

图 3－3－4　“IP 地址和端口设置”界面

（5）如图 3－3－5 所示，在输入主目录的路径中，单击“浏览”按钮选择网站的根目录，单击“下一步”按钮。

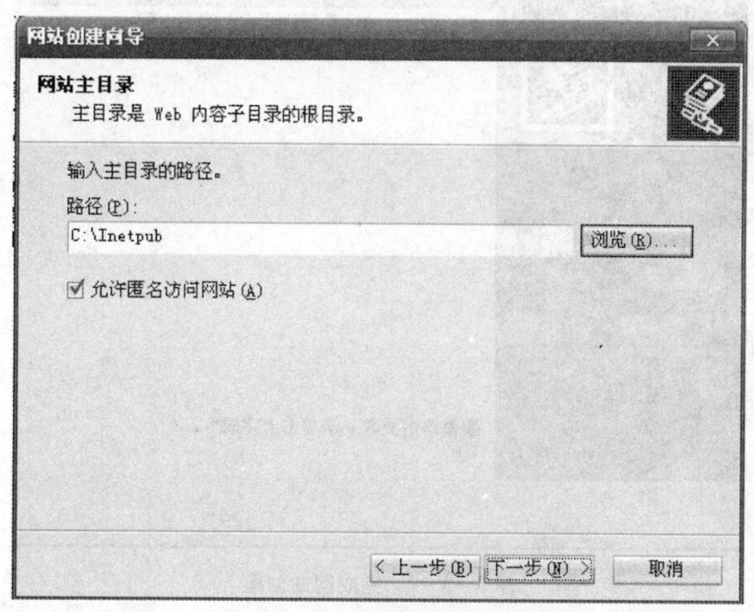

图 3－3－5　“网站主目录”界面

（6）如图 3－3－6 所示，设置网站访问权限为“读取”和“浏览”，单击“下一步”按钮。

试网站。

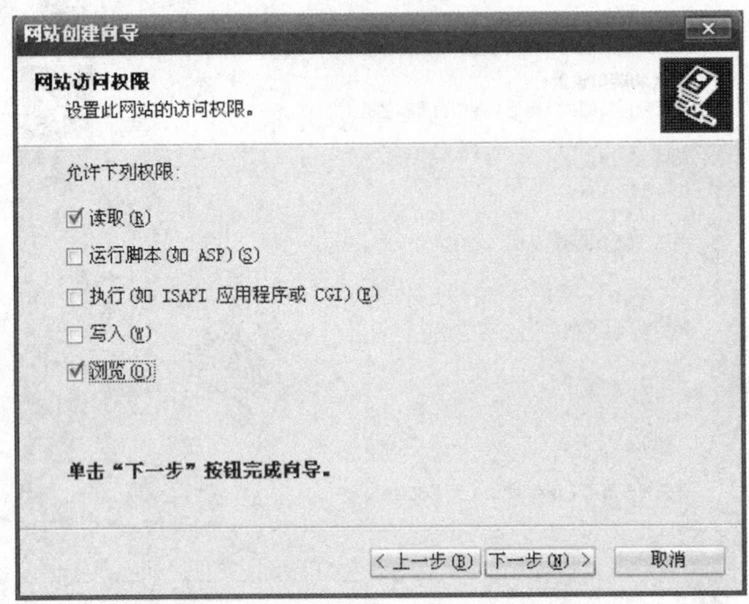

图 3-3-6　“网站访问权限”界面

（7）如图 3-3-7 所示，单击“完成”按钮完成网站的创建。

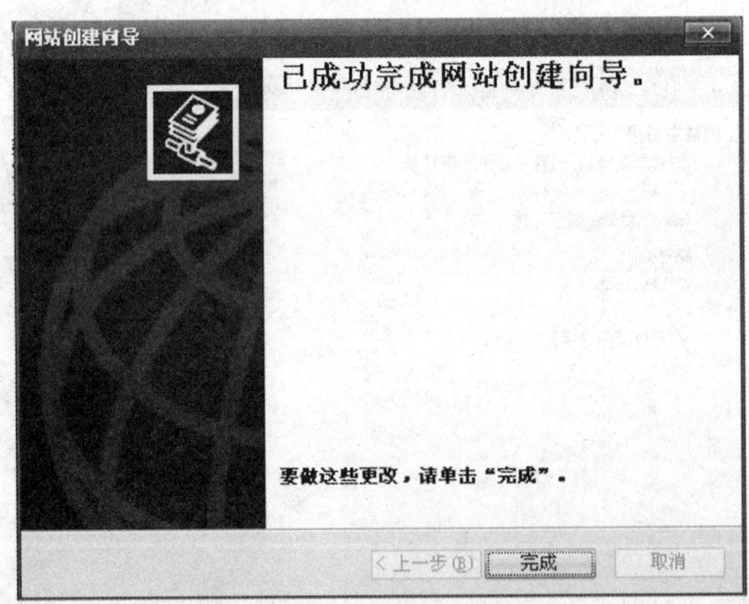

图 3-3-7　完成网站创建

（8）如图 3-3-8 所示，在 IE 浏览器窗口中输入网址 http：//192.168.0.200，测试网站。

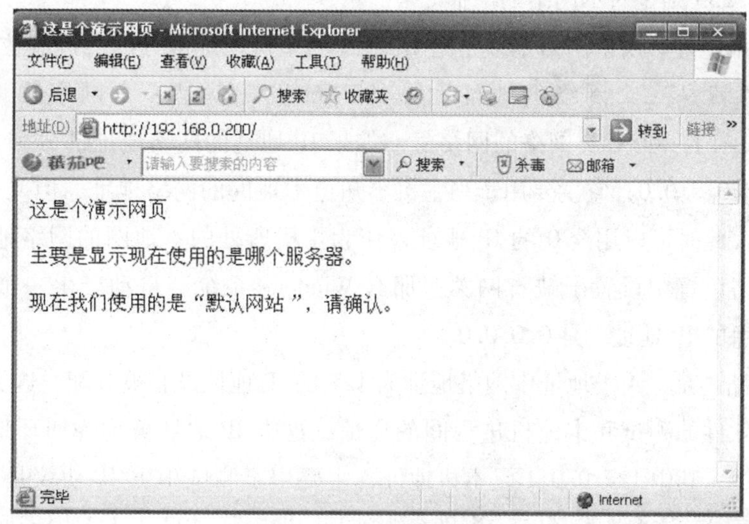

图 3－3－8　测试网站界面

五、预备知识

Internet 网络地址简称 IP 地址，是整个 IP 协议的核心，也是网络实现互联、互通及网络路由选择的基础。IP 地址是网络数据传输的依据，连接在网络中的所有设备和计算机都必须有一个唯一的 IP 地址，这样才能够实现相互通信。

1. IP 地址的分类

目前，Internet 普遍采用的 IP 协议是 IPv4。IPv4 只能支持 32 位（4 个字节）的 IP 地址，为了便于记忆，将它们分为 4 组，每组 8 位（1 个字节），由小数点分开，每个字节的数值范围是 0～255，如 192.168.0.1 这就是一个合法的 IP 地址，这种书写方法叫作点数表示法。IP 地址的规划与管理由 Internet NIC（Internet 网络信息中心）统一负责，IPv4 地址类别的划分主要是针对网络规模的大小，依据 IP 地址最左边 4 个二进制位的值决定具体的网络类型，其 IP 地址分为五类，即 A 类、B 类、C 类、D 类、E 类。

2. 特殊的 IP 地址

（1）直接广播地址和有限广播地址。广播（boradcast）是指一台主机向某个明确的网络或内部网络上的所有主机发送广播报文，此时所有的主机都会接收到这个广播报文信息。广播可以分为直接广播（Direct Broadcast）和有限广播（Limited Broadcast）两种，直接广播是针对某个明确网络上的所有主机发送广播报文的情况；有限广播是针对本地内部网络上的所有主机发送广播报文的情况。如 192.168.0.255 是一个 C 类网络的直接广播地址，其中 192.168.0 表示了一个 C 类网络的网络号，

255. 255. 255. 255 则是对本网络的广播。

（2）网络地址。所谓网络地址是指 IP 地址的主机地址部分的二进制位全为 0，这种 IP 表示的就是一个网络的地址。如 192. 168. 0. 0 就是一个网络的地址，其中 192. 168. 0 表示了一个 C 类网络的网络号。如果 IP 地址的网络地址部分和主机地址部分皆为 0，即 0. 0. 0. 0，它主要用于当主机不知道本地网的网络地址，但又想在本地网内进行通信，此时可以用全 0 的 IP 地址来作为主机所处的本地网的网络地址。另外，如果你在网络设置中设置了缺省网关，那么 Windows 系统会自动产生一个缺省路由，这个缺省路由的 IP 地址就是 0. 0. 0. 0。

（3）回路地址。A 类地址中网络地址为 127 的 IP 地址没有被分配，这类 IP 地址主要用于网络软件的测试和本地机进程间的通信，这类 IP 地址被称为回环地址（Loopback Address）。其中 127. 0. 0. 1 是本机地址，主要用于测试 TCP/IP 协议是否加载。在 Windows 系统中，这个地址还有一个别名为“Localhost”。127. 1. 1. 1 用于回路的测试，127. 1. 11. 13 用于网络软件测试和本地机进程间通信。

（4）本地链路地址。本地链路地址的地址范围为 169. 254. 0. 1 ~ 169. 254. 255. 254，当你的主机网络配置中设置了“自动获得 IP 地址”功能，那么当你的 DHCP 服务器发生故障，或响应时间太长而超出了一个系统规定的时间，Windows 系统会自动为你分配一个本地链路地址作为你的主机 IP 地址。此时你的主机会无法在网络中正常运行。

（5）公有地址和私有地址。公有地址是因特网上的合法地址，一台主机要想访问因特网，这台主机就必须拥有一个合法的公有地址。公有地址由 Internet NIC（Internet 网络信息中心）统一负责和管理，公有地址通常是通过当地 ISP（Internet 服务提供商）申请获得，如 218. 22. 181. 218。

私有地址是在网络内部使用的地址，无须申请。私有地址主要有以下范围：

①A 类地址：10. 0. 0. 1 ~ 10. 255. 255. 254。

②B 类地址：172. 16. 0. 1 ~ 172. 31. 255. 254。

③C 类地址：192. 168. 0. 1 ~ 192. 168. 255. 254。

A 类地址、B 类地址、C 类地址中除去私有地址，剩下的就是公有地址。

六、学习活动检查与评价（如下表所示）

学习活动三检查与评价

评价要点		自评	互评	教师评
专业知识点	了解 IP 地址的作用			
	了解 IP 地址创建 Web 网站的方法			
专业实训能力	使用 IP 地址创建 Web 网站			

说明：评价分为四个等级，分别为优、良、一般、差，其中教师评价为总评结果。

七、学习活动实训报告

______________实训报告

专业：______________________

姓名：______________________

学号：______________________

日期：______________________

组号		组长	
实训名称			
成绩			

一、实训目的

二、实训步骤（具体过程）

三、实训结论

四、小结

学习活动四　使用主机头创建 Web 网站

【学习目标】

通过本活动学习，学会用主机头名创建 Web 网站。

【学习重点】

主机头名创建 Web 网站。

【学习过程】

一、学习活动背景

在 DNS 服务器已创建了 www. mydns. com 域名，要使用主机头创建 Web 网站，指向 IP：192. 168. 0. 200。

二、学习活动描述

使用 IP 地址访问网站，但 IP 地址匮乏，在公网中不太适用，使用主机头创建 Web 网站便可解决这个问题。

三、学习活动要求

（1）创建域名 www. mydns. com 的网站。

（2）在记事本创建网页："wangye. htm"。

四、学习活动实施

（1）如图 3－4－1 所示，在"运行"窗口中，输入"mmc"，单击"确定"按钮。

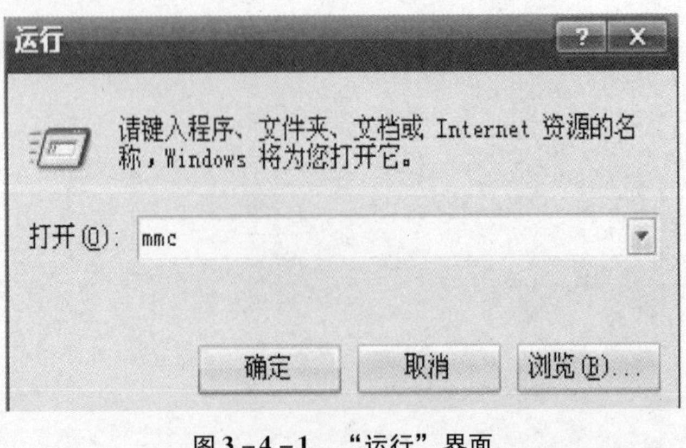

图 3－4－1　"运行"界面

（2）如图 3 -4 -2 所示，在“控制台 1”窗口中，选择“Internet 信息服务（IIS）管理器 | DNS1（本地计算机）| 网站”，右击“网站”，在弹出菜单中选择“新建 | 网站”，再在“网站创建向导”窗口中，单击“下一步”按钮。

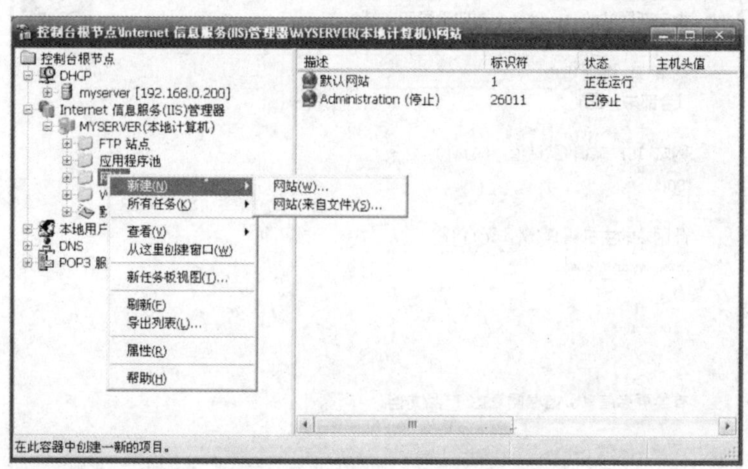

图 3 -4 -2 “控制台根节点”界面

（3）如图 3 -4 -3 所示，输入网站的描述，单击“下一步”按钮。

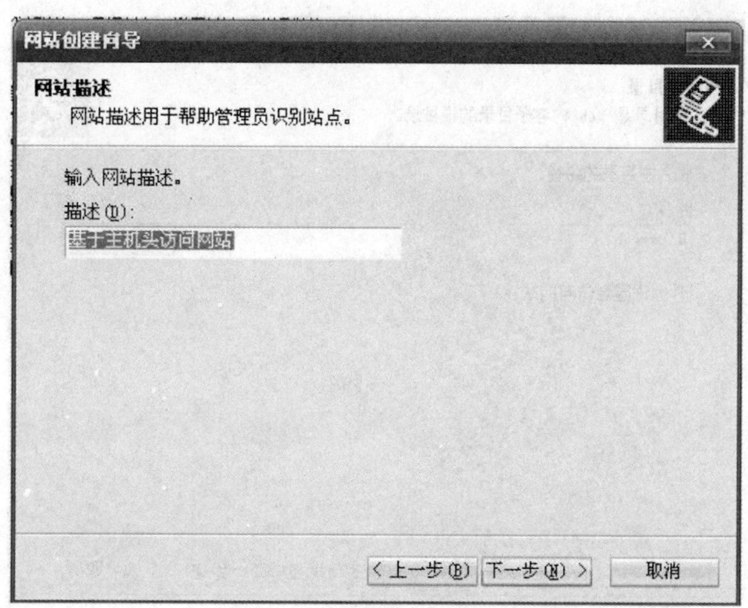

图 3 -4 -3 “网站描述”界面

（4）如图 3 -4 -4 所示，“网站 IP 地址”和“网站 TCP 端口”均使用默认值，“此网站的主机头”中输入 www. mydns. com，单击“下一步”按钮。

（5）如图 3 -4 -5 所示，单击“浏览”按钮选择网站的根目录，再单击“下一步”按钮。

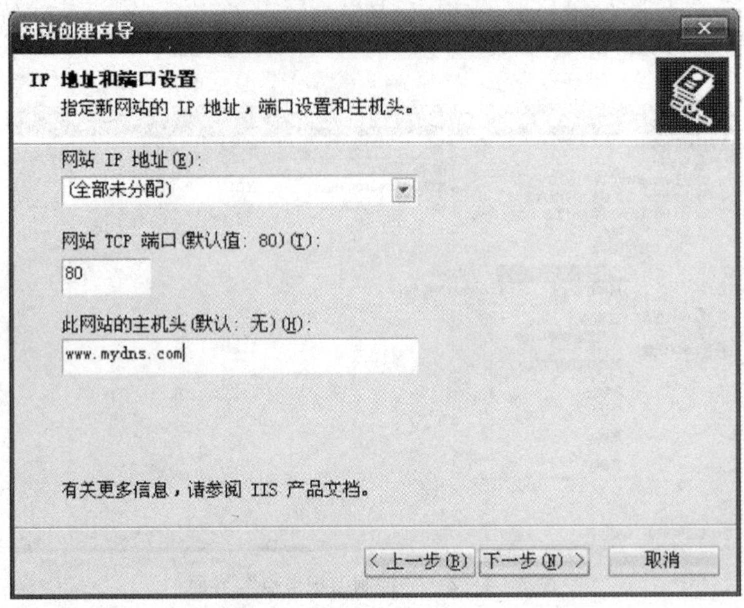

图 3-4-4 “IP 地址和端口设置”界面

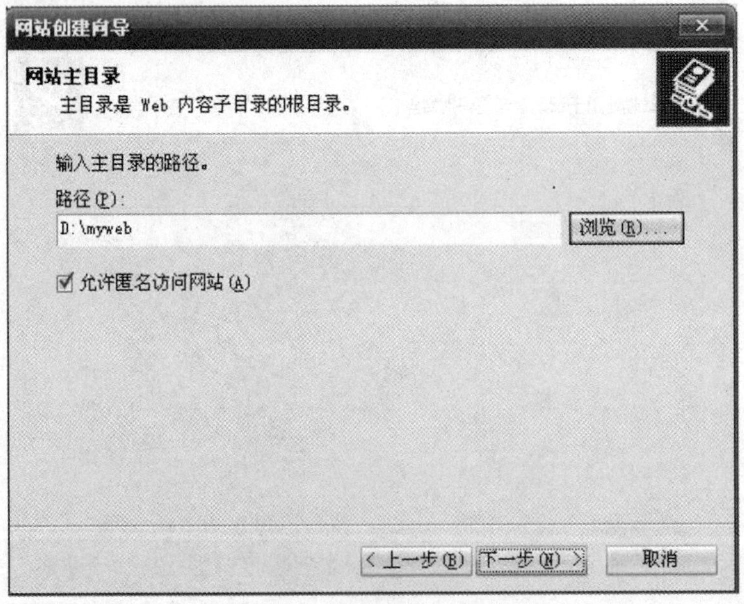

图 3-4-5 “网站主目录”界面

(6) 如图 3-4-6 所示，设置网站访问权限为“读取”和“浏览”，单击“下一步”按钮。

(7) 如图 3-4-7 所示，单击“完成”按钮完成网站的创建。

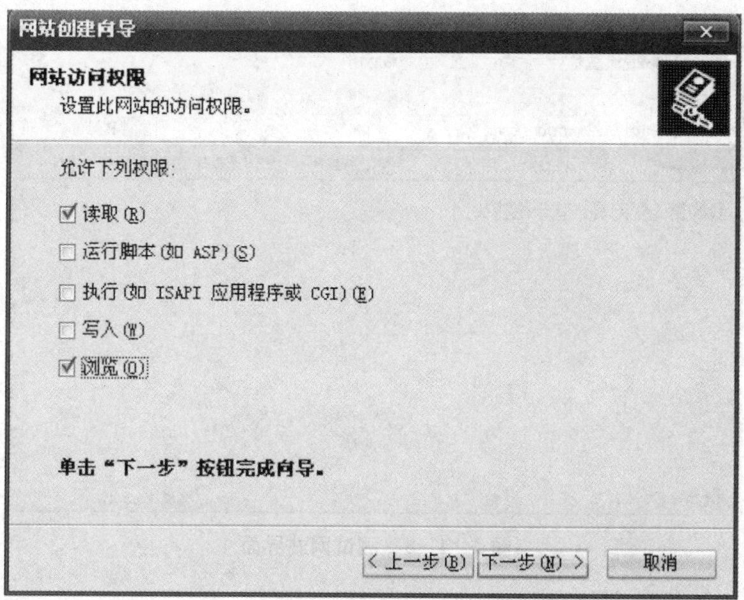

图 3-4-6 "网站访问权限"界面

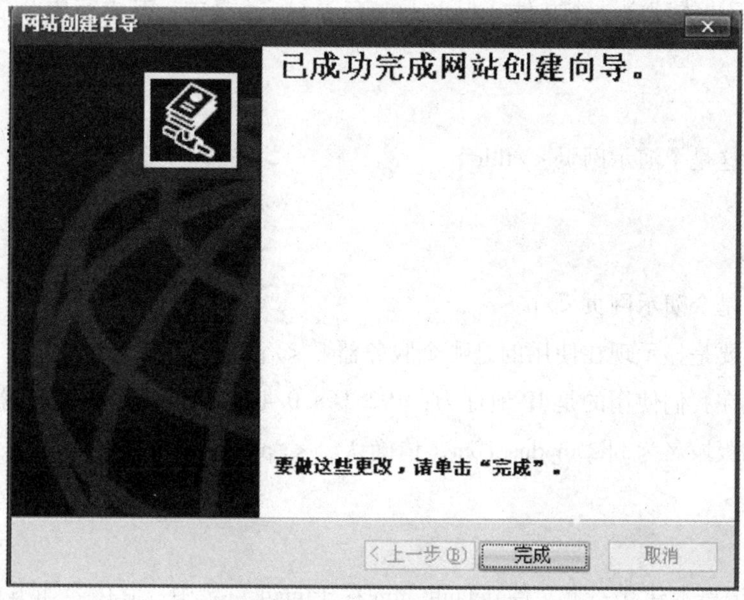

图 3-4-7 完成网站创建

（8）如图 3-4-8 所示，在 IE 浏览器窗口中输入网址 http://www.mydns.com，测试网站。

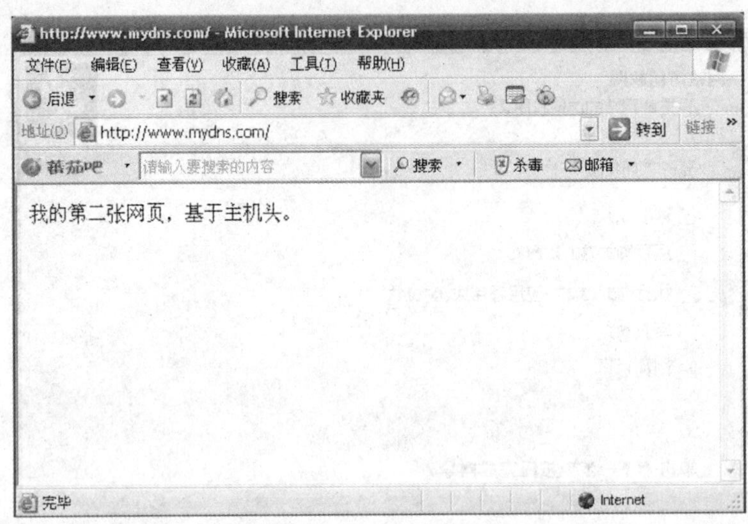

图 3－4－8　测试网站界面

五、预备知识

(1) 用记事本建立一个文件 default. htm 存于 bbs 目录中，其内容如下：

```
<html>
<head>
<title>这是个演示网页</title>
</head>
<body>
<p>这是个演示网页</p>
<p>主要是显示现在使用的是哪个服务器。</p>
<p>现在我们使用的是 IP 地址为：192. 168. 0. 4，主机头形式的服务器。</p>
<p>二级域名为 bbs. mydns. com，请确认。</p>
</body>
</html>
```

(2) 用记事本建立一个文件 default. htm 存于 mail 目录中，其内容如下：

```
<html>
<head>
<title>这是个演示网页</title>
</head>
<body>
```

```
<p>这是个演示网页</p>
<p>主要是显示现在使用的是哪个服务器。</p>
<p>现在我们使用的是 IP 地址为：192.168.0.4，主机头形式的服务器。</p>
<p>二级域名为 mail.mydns.com，请确认。</p>
</body>
</html>
```

（3）在浏览器中测试网页结果，如图 3－4－9 所示。

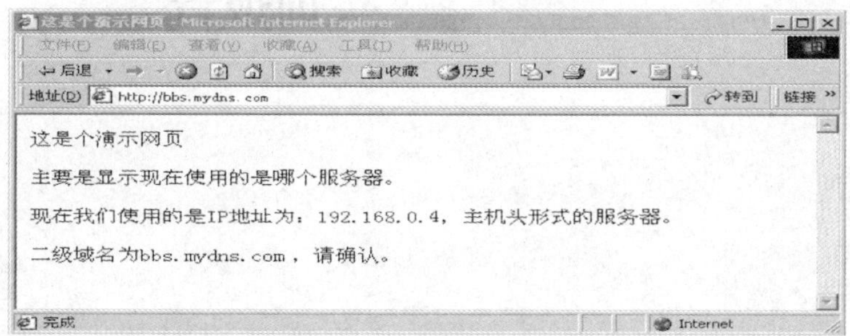

图 3－4－9　网页测试结果

六、学习活动检查与评价（如下表所示）

学习活动四检查与评价

评价要点		自评	互评	教师评
专业知识点	了解主机头的作用			
	了解使用主机头创建 Web 网站的方法			
专业实训能力	用主机头名创建 Web 网站			

说明：评价分为四个等级，分别为优、良、一般、差，其中教师评价为总评结果。

七、学习活动实训报告

________实训报告

专业：________________

姓名：________________

学号：________________

日期：________________

组号		组长	
实训名称			
成绩			

一、实训目的

二、实训步骤（具体过程）

三、实训结论

四、小结

学习情境四　配置 FTP 服务器

学习情境背景

我们周围的企业、学校等单位都有许多计算机，它们之间要互相传递信息，实现资源共享，可以很大程度上避免资源重复加工，要实现此功能，需要搭建 FTP 服务器，来实现两台甚至多台计算机间的互相访问。

学习目标

通过本情境的学习，会安装、配置 FTP 服务器。

学习活动安排

（1）搭建 FTP 服务。

（2）配置 FTP 服务器。

（3）安装普通 FTP 服务器。

（4）创建用户和组。

（5）规划目录结构。

（6）创建隔离用户 FTP 站点。

（7）访问隔离用户 FTP 站点。

学习过程流程图

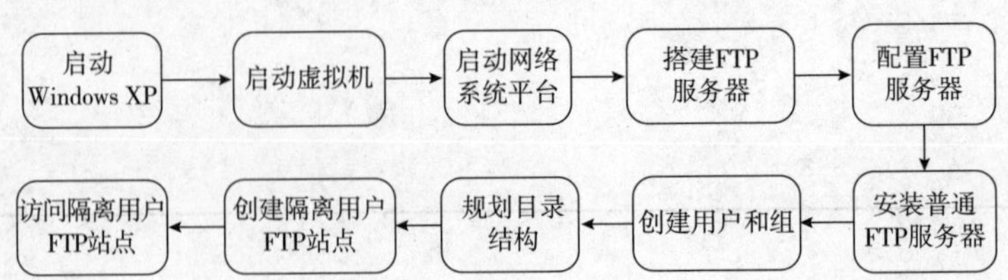

学习活动一 搭建 FTP 服务

【学习目标】

通过本活动学习，学会安装普通 FTP 服务器组件。

【学习重点】

普通 FTP 站点服务器安装。

【学习过程】

一、学习活动背景

在服务器上已安装 DHCP 服务器，且 Windows Server 2003 操作系统提供了 IIS 的支持，而 FTP 服务内嵌入 IIS 中，默认情况下 FTP 组件并没有安装，因此要安装 FTP 服务器的组件。

二、学习活动描述

FTP 服务包含 Internet 信息服务中，但需要专门选择安装。FTP 服务的配置要简单得多，主要是站点的安全性、权限的设置，允许不同 IP 地址的访问和组织某些 IP 地址的访问。

三、学习活动要求

在一台 Windows Server 2003 服务器上安装 FTP 组件。

四、学习活动实施

（1）依次单击“开始 | 设置 | 控制面板”，打开“控制面板”，弹出“控制面板”窗口，在控制面板窗口单击“添加/删除程序”图标，如图 4－1－1 所示。

（2）在“添加/删除程序”窗口，单击“添加/删除 Windows 组件”按钮，弹出“Windows 组件向导”对话框，选择“应用程序服务器”，单击“详细信息”按钮，如图 4－1－2 所示。

（3）如图 4－1－3 所示，选择“Internet 信息服务”，单击“详细信息”按钮。

（4）如图 4－1－4 所示，勾选“文件传输协议服务”，两次单击“确定”，单击“下一步”按钮。

（5）如图 4－1－5 所示，单击“完成”按钮，完成组件的安装。

五、预备知识

FTP 服务器，是在互联网上提供存储空间的计算机，它们依照 FTP 协议提供服务。

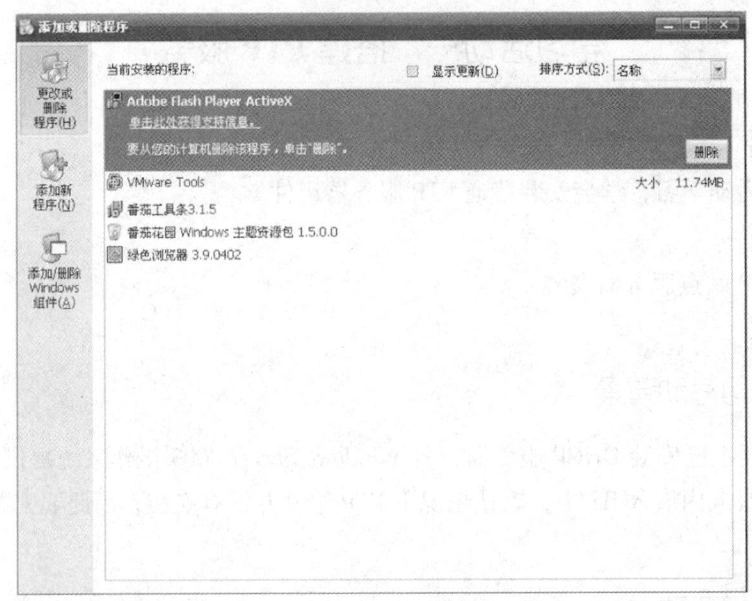

图 4－1－1 "添加/删除程度"界面

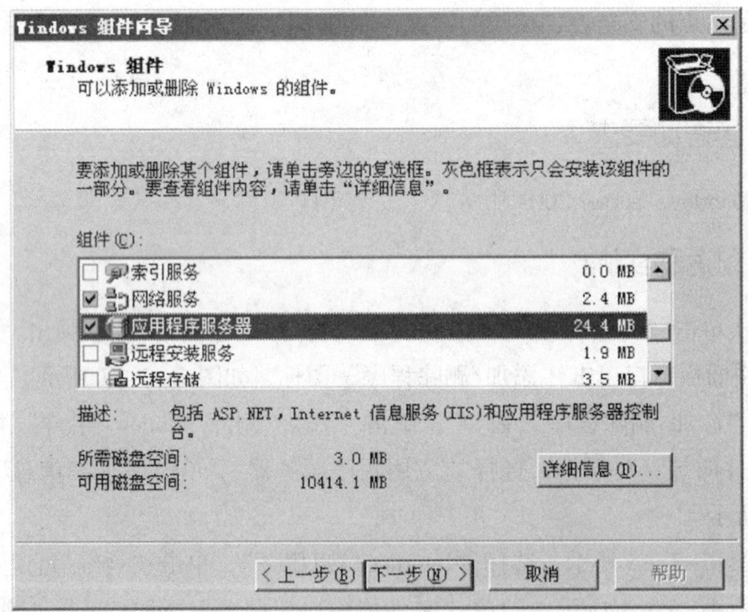

图 4－1－2 "Windows 组件向导"界面

FTP 的全称是 File Transfer Protocol（文件传输协议）。顾名思义，就是专门用来传输文件的协议。简单地说，支持 FTP 协议的服务器就是 FTP 服务器。

一般来说，用户联网的首要目的就是实现信息共享，文件传输是信息共享非常重要的一个内容之一。Internet 上早期实现传输文件，并不是一件容易的事，我们知道

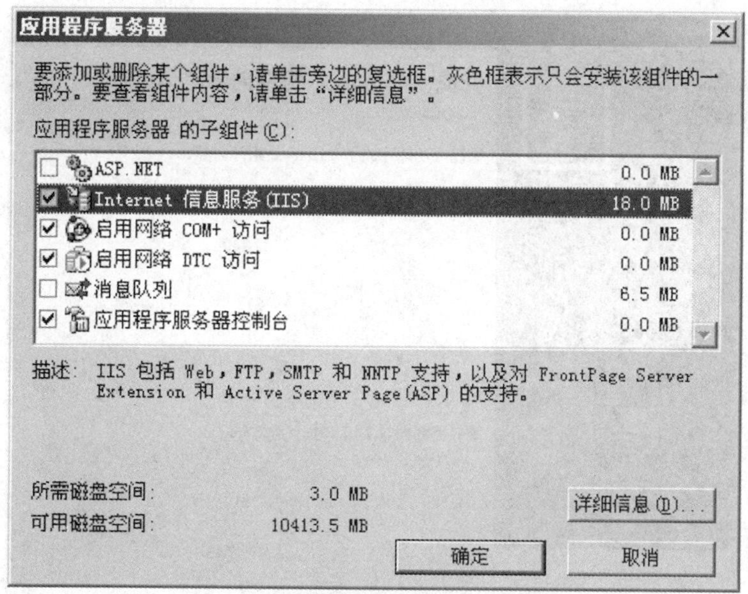

图 4-1-3 “应用程序服务器”界面

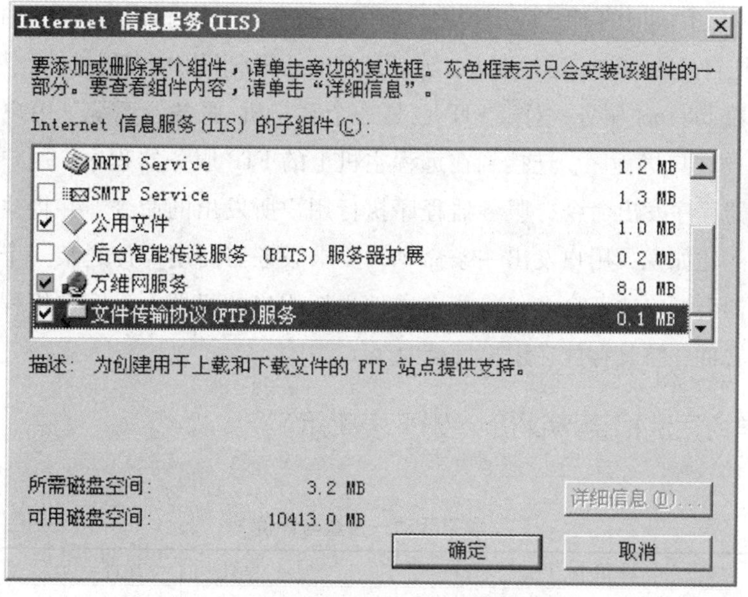

图 4-1-4 “Internet 信息服务”界面

Internet是一个非常复杂的计算机环境，有 PC，有工作站，有 MAC，有大型机，据统计连接在 Internet 上的计算机已有上千万台，而这些计算机可能运行不同的操作系统，有运行 Unix 的服务器，也有运行 Dos、Windows 的 PC 机和运行 MacOS 的苹果机等，而各种操作系统之间的文件交流问题，需要建立一个统一的文件传输协议，这就是所谓的 FTP。基于

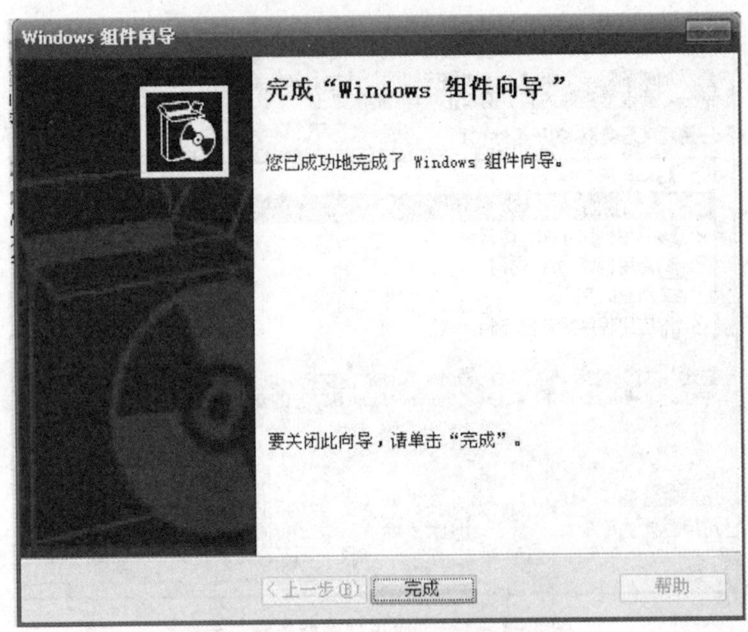

图4-1-5　完成组件安装

不同的操作系统有不同的FTP应用程序，而所有这些应用程序都遵守同一种协议，这样用户就可以把自己的文件传送给别人，或者从其他的用户环境中获得文件。

与大多数Internet服务一样，FTP也是一个客户机/服务器系统。用户通过一个支持FTP协议的客户机程序，连接到在远程主机上的FTP服务器程序。用户通过客户机程序向服务器程序发出命令，服务器程序执行用户所发出的命令，并将执行的结果返回到客户机。比如说，用户发出一条命令，要求服务器向用户传送某一个文件的一份拷贝，服务器会响应这条命令，将指定文件送至用户的机器上。客户机程序代表用户接收到这个文件，将其存放在用户目录中。

六、学习活动检查与评价（如下表所示）

学习活动一检查与评价

评价要点		自评	互评	教师评
专业知识点	了解FTP服务器基础知识			
	理解FTP组件作用			
专业实训能力	会安装FTP组件			

说明：评价分为四个等级，分别为优、良、一般、差，其中教师评价为总评结果。

七、学习活动实训报告

______实训报告

专业：______

姓名：______

学号：______

日期：______

组号		组长	
实训名称			
成绩			

一、实训目的

二、实训步骤（具体过程）

三、实训结论

四、小结

学习活动二　配置 FTP 服务器

【学习目标】

通过本活动学习，学会配置 FTP 服务器。

【学习重点】

配置 FTP 服务器。

【学习过程】

一、学习活动背景

在服务器上已安装 DHCP 服务器，且 Windows Server 2003 操作系统提供了 IIS 的支持，而 FTP 服务内嵌入 IIS 中，默认情况下 FTP 组件并没有安装，因此要安装 FTP 服务器的组件。

二、学习活动描述

FTP 服务包含 Internet 信息服务中，但要需要专门选择安装。FTP 服务的配置要简单得多，主要是站点的安全性、权限的设置，允许不同 IP 地址的访问和组织某些 IP 地址的访问。

三、学习活动要求

在一台 Windows Server 2003 服务器上配置常规 FTP 服务器选项。

四、学习活动实施

(1) 如图 4-2-1 所示，单击"开始 | 所有程序 | 管理工具 | Internet 信息服务(IIS) 管理器"，打开"Internet 信息服务（IIS）管理器"窗口 。

(2) 如图 4-2-2 所示，选中 FTP 站点，单击鼠标右键，在右键菜单中，选择"属性"命令。

(3) 如图 4-2-3 所示，在"默认 FTP 站点属性"界面 ，选择一个 IP 地址，端口号一般不要更改。

(4) 如图 4-2-4 所示，选择"安全账户"选项卡，弹出"安全账户"选项界面，输入用户名和密码。

(5) 如图 4-2-5 所示，选择"主目录"选项，设置主目录本地路径和权限。

(6) 如图 4-2-6 所示，选择"消息"选项，在标题、欢迎、退出、最大连接数文本框中分别输入以下相应欢迎消息。

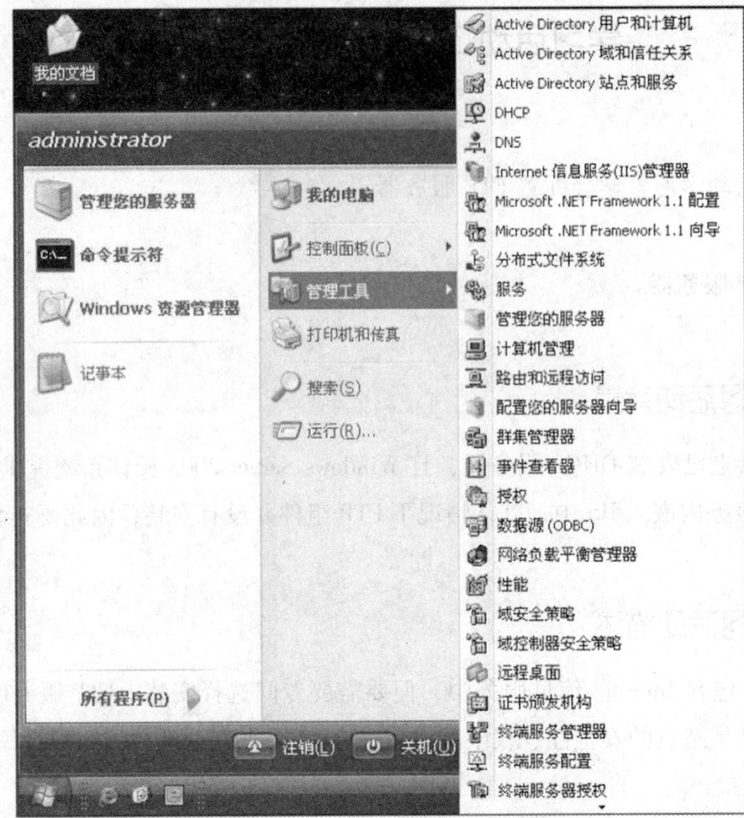

图 4－2－1　管理工具下拉列表

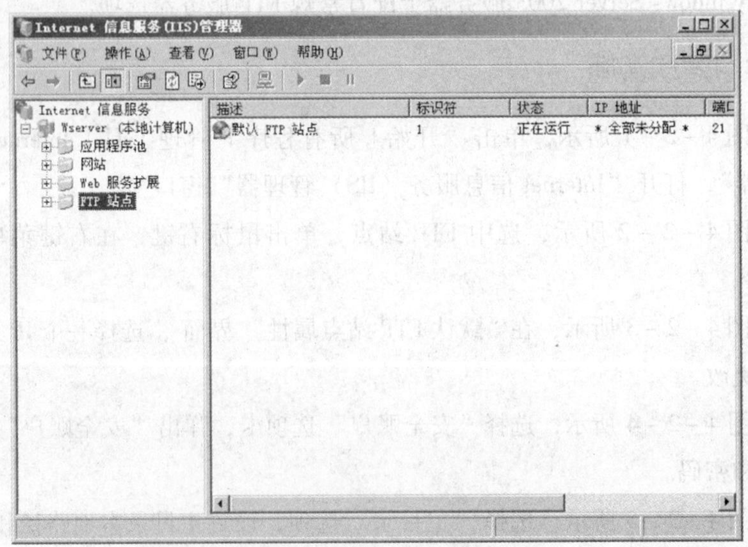

图 4－2－2　“Internet 信息服务管理器” 界面

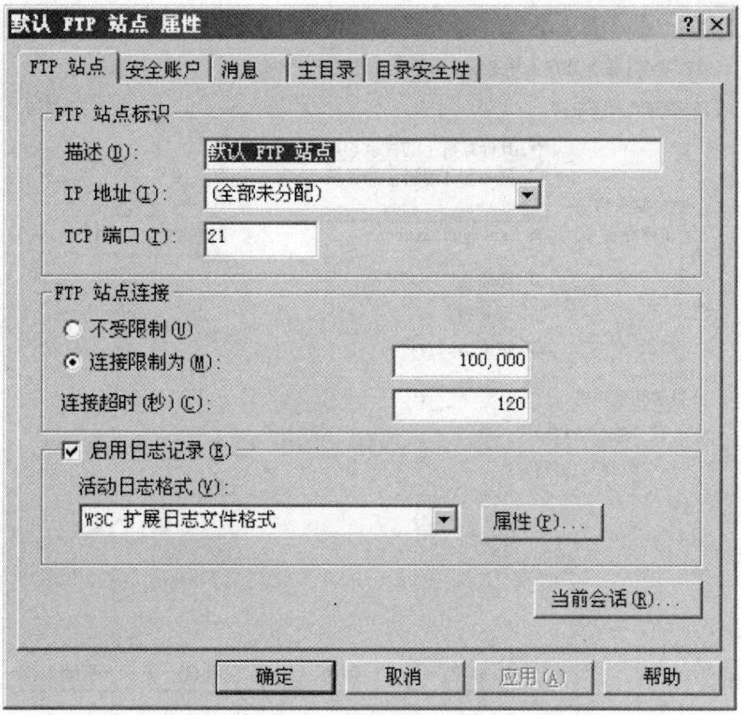

图 4－2－3 “默认 FTP 站点属性”界面

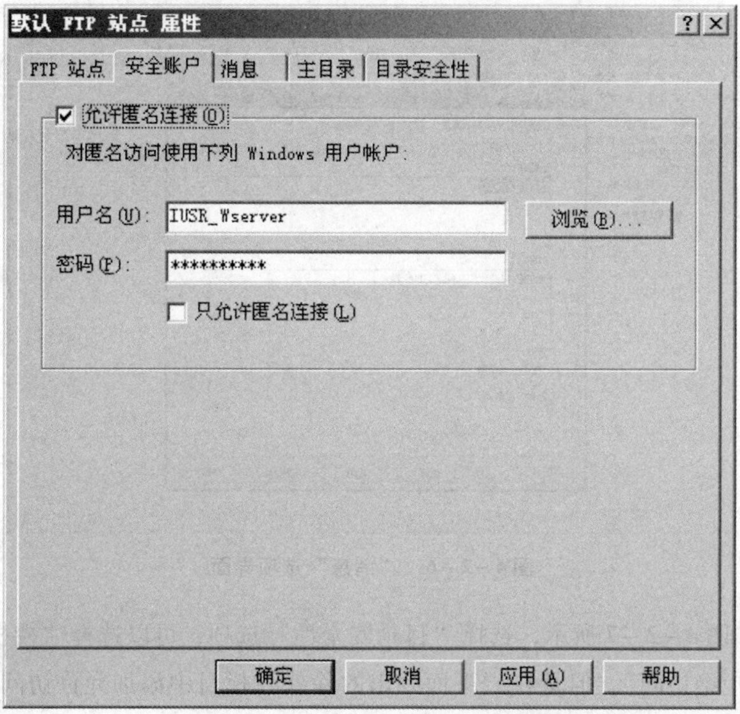

图 4－2－4 “安全账户”选项界面

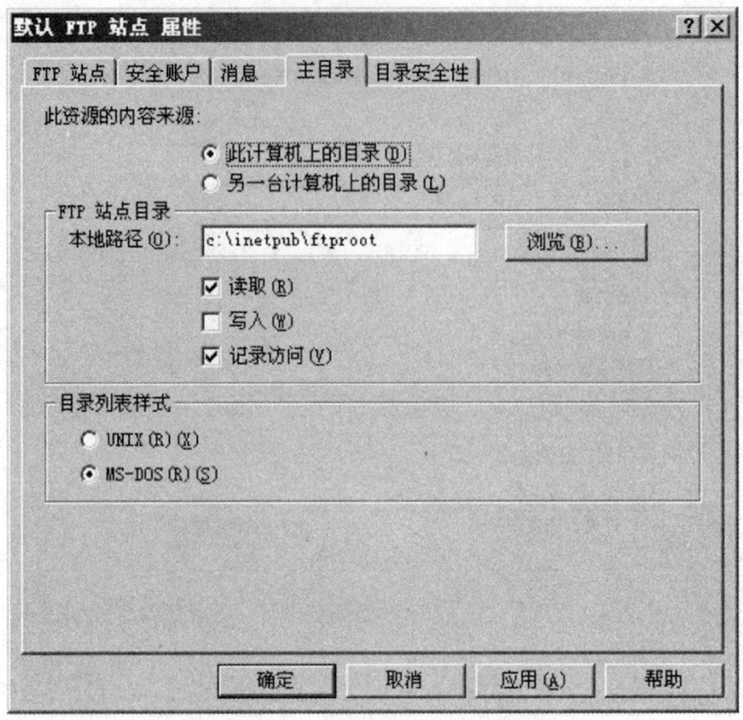

图 4-2-5　“主目录”选项界面

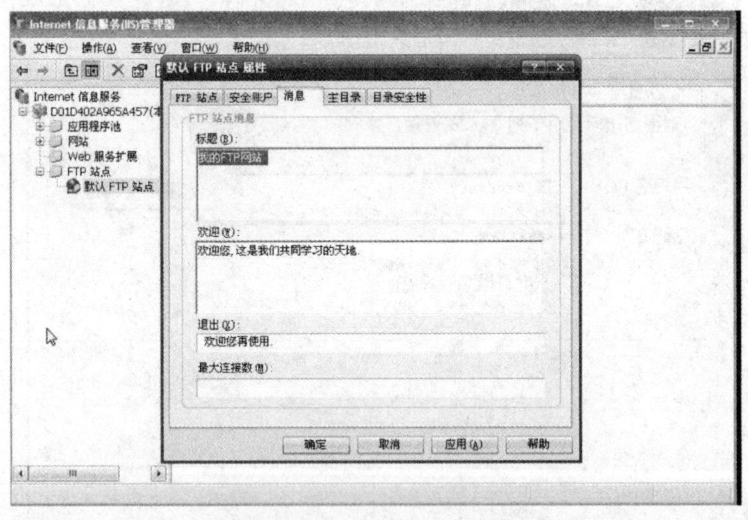

图 4-2-6　“消息”选项界面

（7）如图 4-2-7 所示，选择“目录安全性”选项，可以选择“授权访问”，也可以选择“拒绝访问”，但是在“下面列出的除外”栏目中添加允许访问的主机，增加安全性。

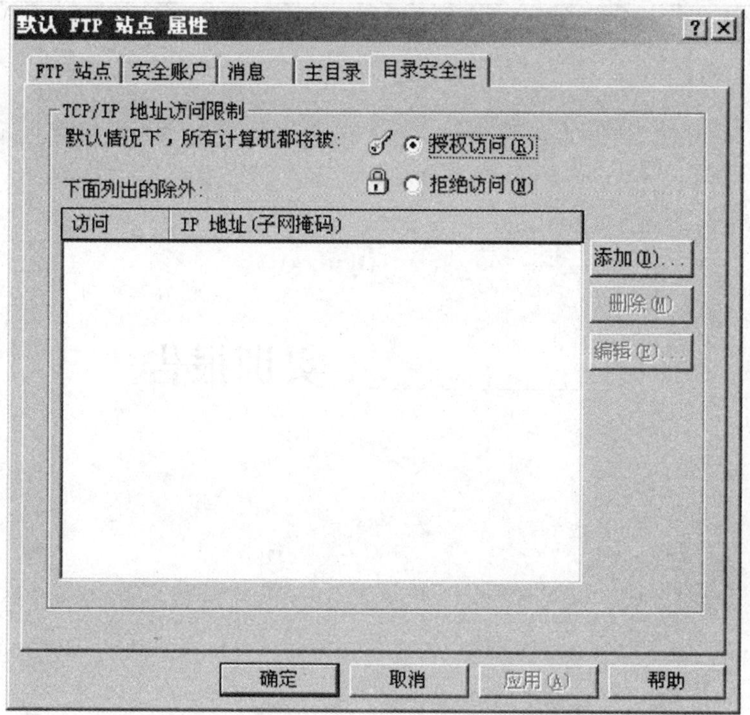

图 4－2－7 “目录安全性”选项界面

五、预备知识

在 FTP 的使用当中，用户经常遇到两个概念：下载（Download）和上传（Upload）。

（1）下载：就是从远程主机拷贝文件至自己的计算机上。

（2）上传：就是将文件从自己的计算机中拷贝至远程主机上。用 Internet 语言来说，用户可通过客户机程序向（从）远程主机上传（下载）文件。

六、学习活动检查与评价（如下表所示）

学习活动二检查与评价

评价要点		自评	互评	教师评
专业知识点	了解 FTP 服务器基础知识			
	知道普通 FTP 服务器工作原理			
专业实训能力	会配置 FTP 服务器			

说明：评价分为四个等级，分别为优、良、一般、差，其中教师评价为总评结果。

七、学习活动实训报告

________实训报告

专业：________

姓名：________

学号：________

日期：________

组号		组长	
实训名称			
成绩			

一、实训目的

二、实训步骤（具体过程）

三、实训结论

四、小结

学习活动三　安装普通 FTP 站点服务器

【学习目标】

通过本活动学习，学会安装普通 FTP 服务器。

【学习重点】

普通 FTP 服务器安装。

【学习过程】

一、学习活动背景

为适合网络资源的共享或局域网内部资源的共享，往往会用到 FTP 服务器。在服务器上已安装 DHCP 服务器，且已安装 FTP 组件。

二、学习活动描述

在 DHCP 服务器上安装，安装 FTP 服务器。

三、学习活动要求

在一台 Windows Server 2003 服务器上安装 FTP 组件，现在安装普通 FTP 服务器。

四、学习活动实施

（1）如图 4－3－1 所示，在“D:”根目录上创建“ftproot”目录，在该文件夹下建立文本文件。

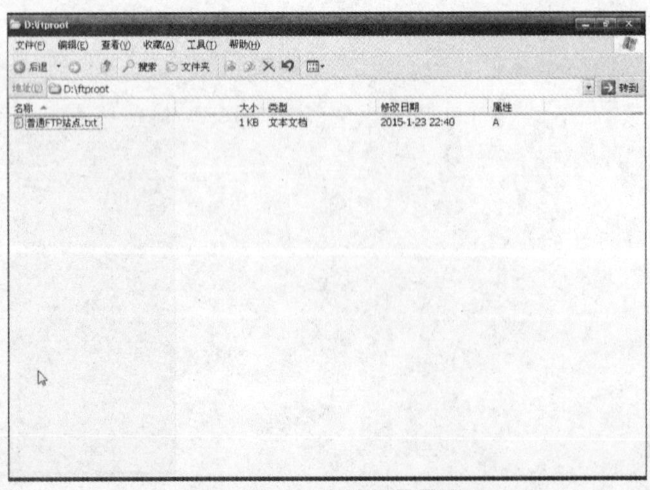

图 4－3－1　创建目录界面

（2）如图 4－3－2 所示，在“控制台 1”窗口中，右击 FTP 站点，单击“新建”，再单击“FTP 站点”。

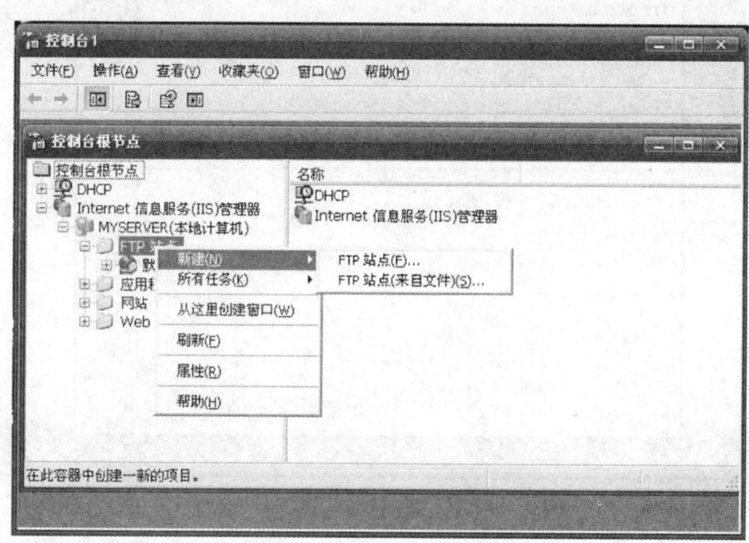

图 4－3－2　控制台界面

（3）如图 4－3－3 所示，在“FTP 站点创建向导”窗口，单击“下一步”按钮。

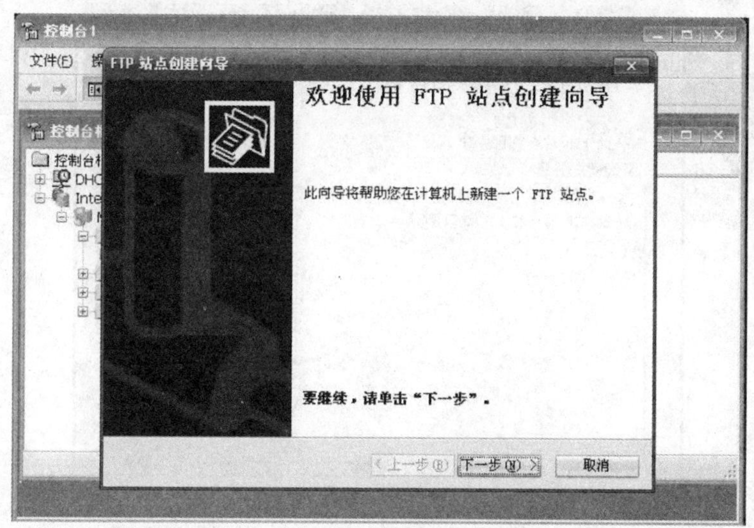

图 4－3－3　创建 FTP 站点向导界面

（4）如图 4－3－4 所示，在描述文本框中“普通 FTP”站点，单击“下一步”按钮。

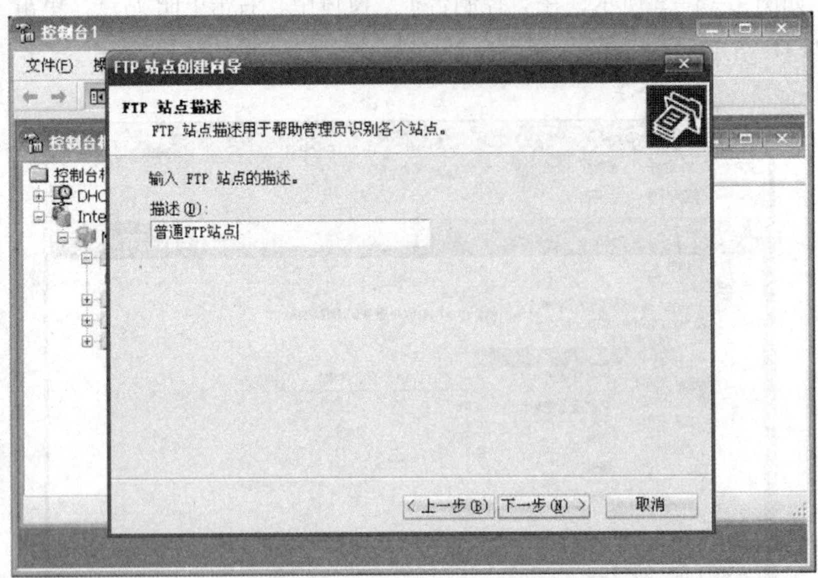

图 4-3-4 “FTP 站点描述”界面

(5) 如图 4-3-5 所示，输入站点 IP 地址，端口默认即可，单击“下一步”按钮。

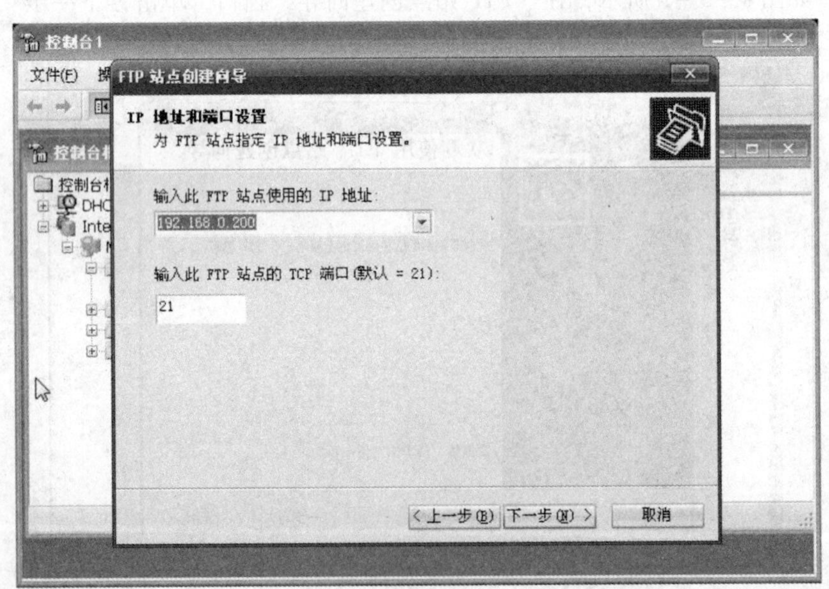

图 4-3-5 “IP 地址和端口设置”界面

(6) 如图 4-3-6 所示，选择“不隔离用户”，单击“下一步”按钮。

(7) 如图 4-3-7 所示，选择 FTP 主目录路径，单击“下一步”按钮。

(8) 如图 4-3-8 所示，设置 FTP 站点“权限”一般情况下为“读取”，单击

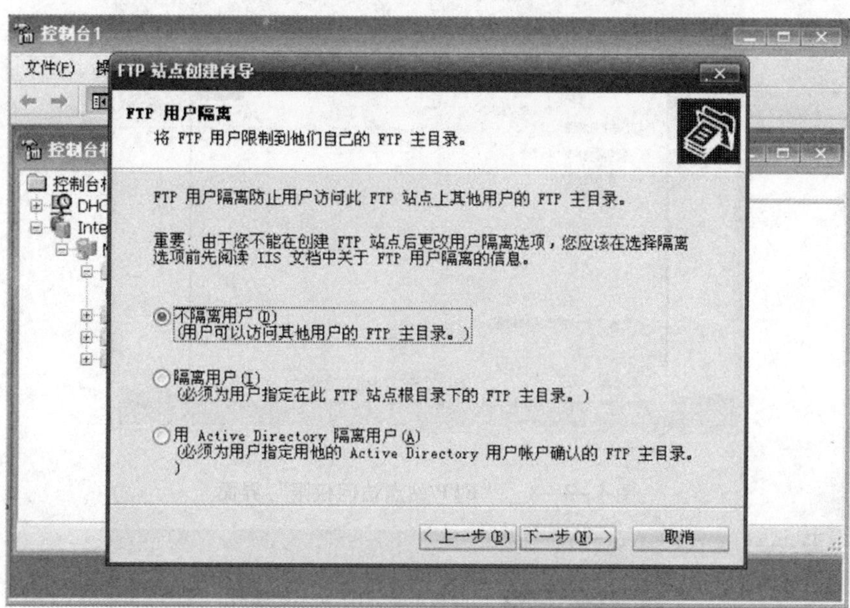

图 4－3－6　“FTP 用户隔离”界面

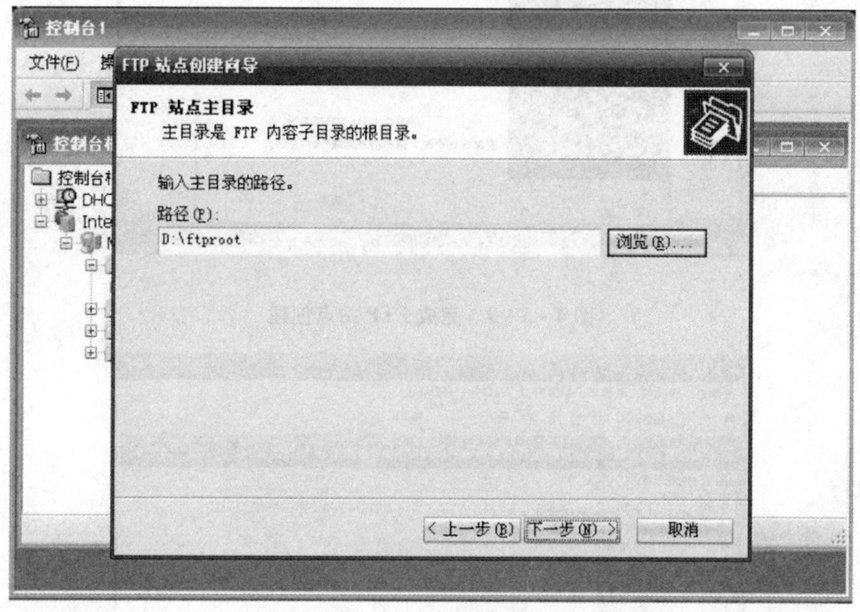

图 4－3－7　“FTP 站点主目录”界面

“下一步”按钮。

（9）如图 4－3－9 所示，单击“完成”按钮完成 FTP 的创建。

（10）如图 4－3－10 所示，普通 FTP 站点创建完成。

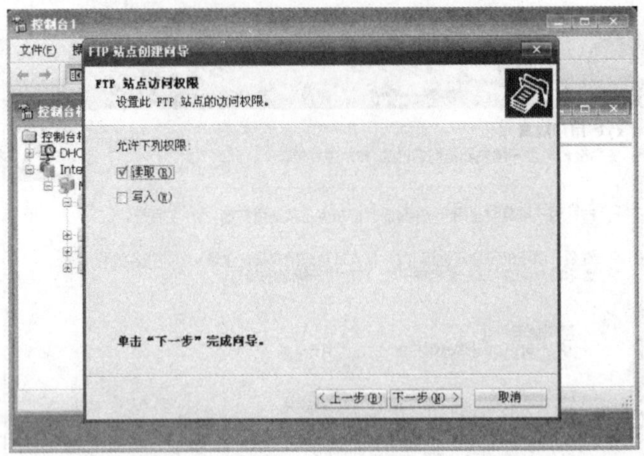

图 4－3－8 "FTP 站点访问权限"界面

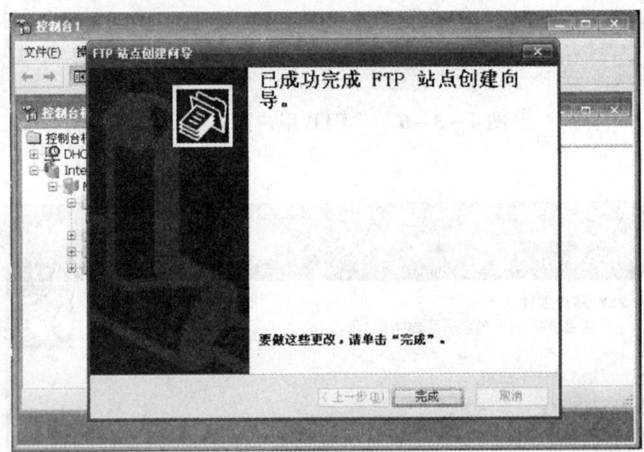

图 4－3－9 完成 FTP 站点创建

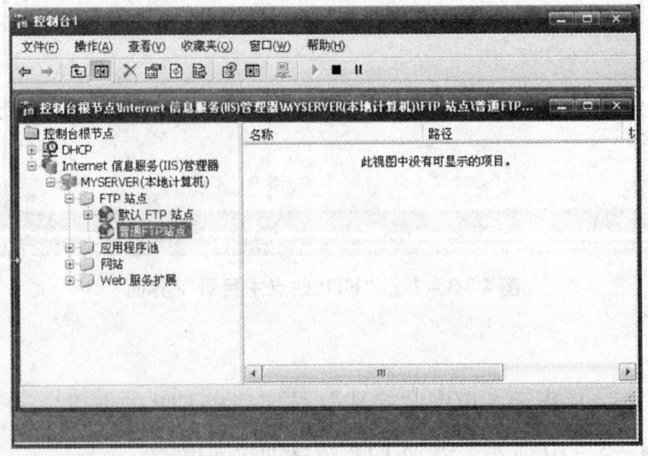

图 4－3－10 普通 FTP 站点创建完成

五、学习活动检查与评价（如下表所示）

学习活动三检查与评价

评价要点		自评	互评	教师评
专业知识点	了解 FTP 服务器基础知识			
	知道普通 FTP 服务器工作原理			
专业实训能力	会安装、测试普通 FTP 站点服务器			

说明：评价分为四个等级，分别为优、良、一般、差，其中教师评价为总评结果。

六、学习活动实训报告

实训报告

专业：________________

姓名：________________

学号：________________

日期：________________

组号		组长	
实训名称			
成绩			

一、实训目的

二、实训步骤（具体过程）

三、实训结论

四、小结

学习活动四　创建用户和组

【学习目标】

通过本活动学习，学会安装隔离用户 FTP 服务器。

【学习重点】

安装隔离用户 FTP 服务器。

【学习过程】

一、学习活动背景

为了安全实现资源共享，需要设置一些用户账户，以便使用这些账户登录 FTP 站点。

二、学习活动描述

在 DHCP 服务器上安装，安装隔离用户 FTP 服务器。

三、学习活动要求

在一台 Windows Server 2003 服务器上安装 FTP 组件，现在安装隔离用户 FTP 服务器。

四、学习活动实施

（1）如图 4－4－1 所示，在“控制台 1”窗口中，单击“添加/删除管理单元”，再选择“本地用户和组”，单击“添加”按钮。

（2）如图 4－4－2 所示，右键选择“组”，单击“新建”命令。

（3）如图 4－4－3 所示，输入组名，单击“添加”按钮，再单击“创建”按钮。

（4）如图 4－4－4 所示，右键选择“用户”，单击“新用户”命令。

（5）如图 4－4－5 所示，输入用户名、全名，描述密码和确认密码，并勾选“用户下次登录时须更改密码”，单击“创建”按钮。

（6）如图 4－4－6 所示，创建另一个新用户，单击“确定”按钮。

（7）如图 4－4－7 所示，创建两个用户。

（8）如图 4－4－8 所示，单击“组”，在右侧窗口中选择“group”并右击，单击“添加到组”。

（9）如图 4－4－9 所示，在“group”窗口中，添加描述“隔离 FTP 用户所在的组”，单击“添加”按钮，再单击“确定”按钮。

图 4－4－1 “可用的独立管理单元”界面

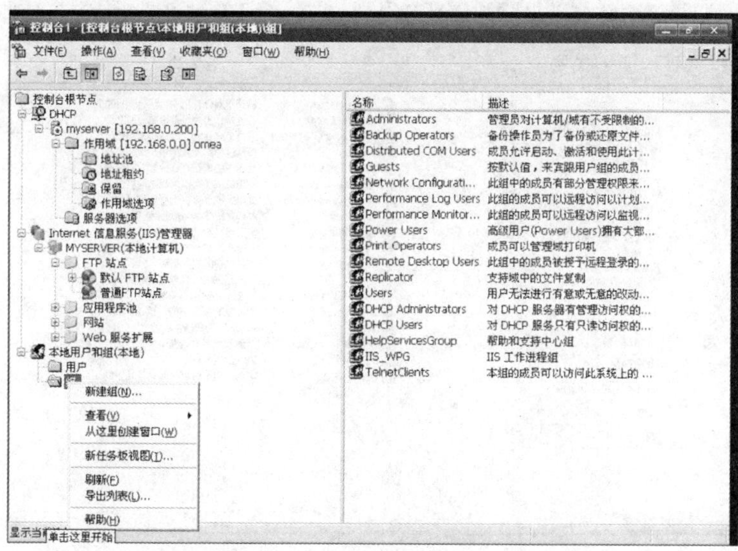

图 4－4－2 “控制台根节点”界面

（10）如图 4－4－10 所示，单击“高级”按钮。

（11）如图 4－4－11 所示，单击“立即查找”。

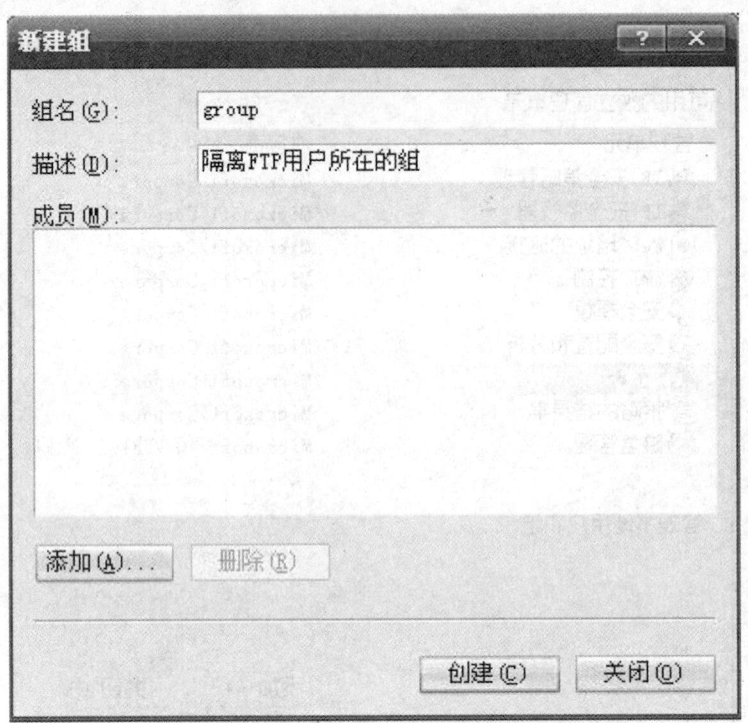

图 4-4-3 “新建组”界面

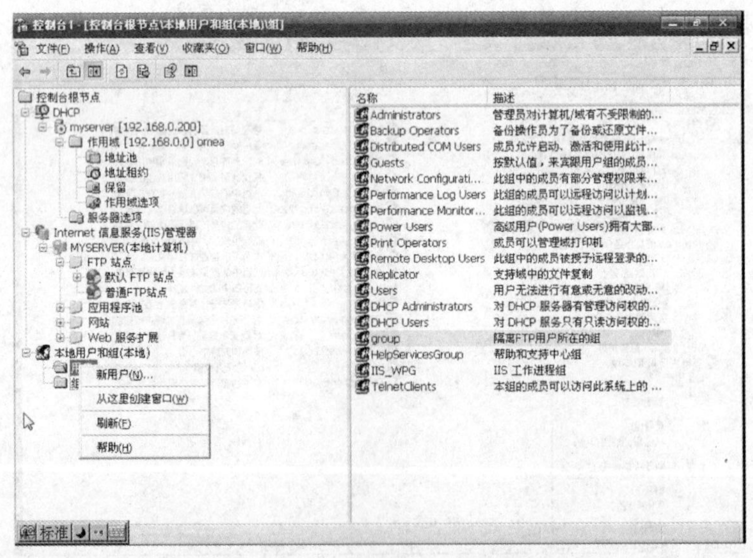

图 4-4-4 “新用户”命令界面

（12）如图 4-4-12 所示，选择 user1 用户，单击“确定”按钮，用同样方法选择“user2”，将用户添加到“组”。

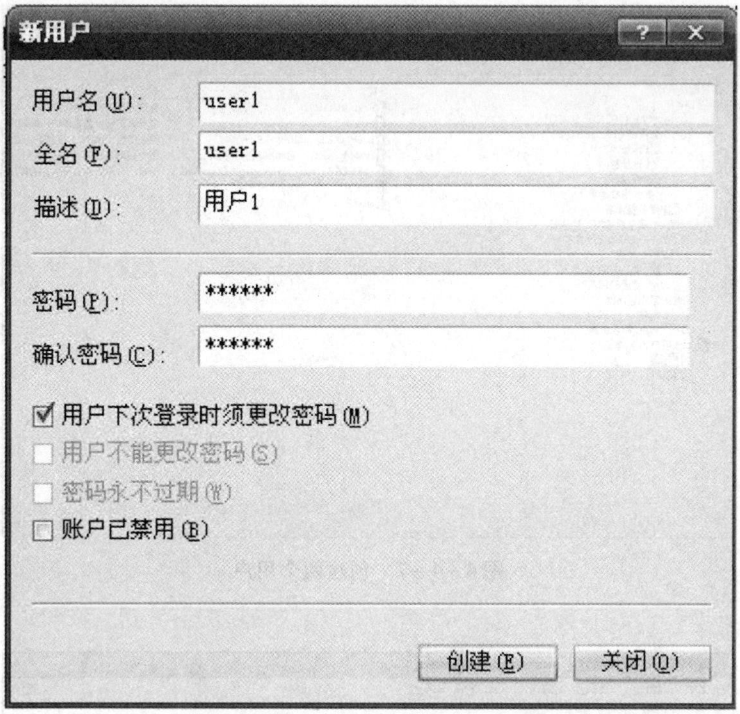

图 4-4-5　“新用户”界面

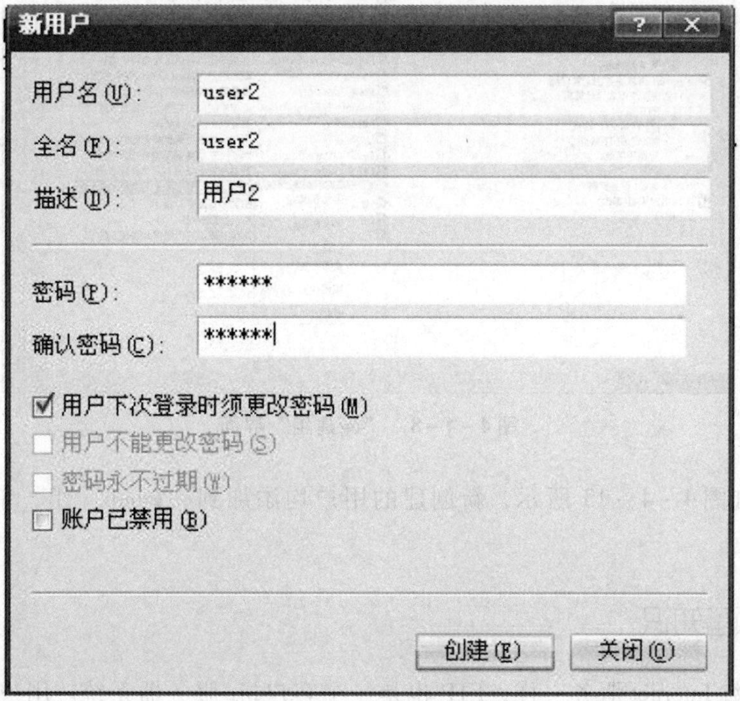

图 4-4-6　创建另一个新用户

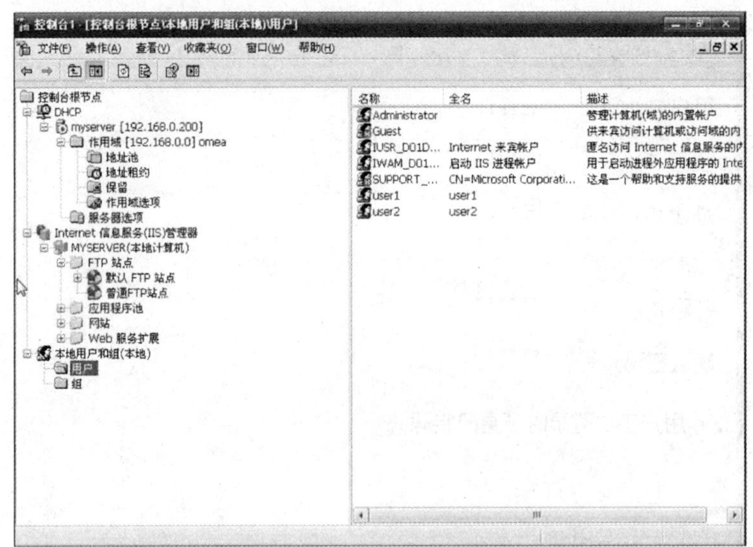

图 4-4-7　创建两个用户

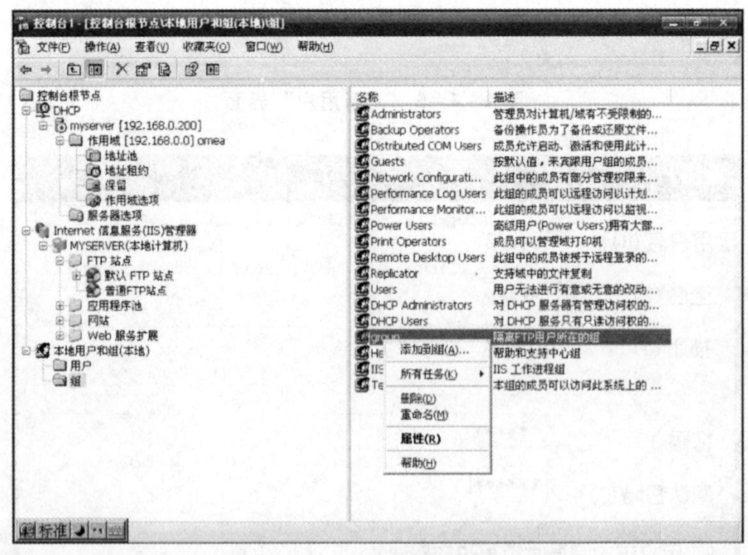

图 4-4-8　“新建组”界面

(13) 如图 4-4-13 所示，新创建的用户均添加到“group”组，单击“确定”按钮。

五、预备知识

与大多数 Internet 服务一样，FTP 也是一个客户机/服务器系统。用户通过一个支持 FTP 协议的客户机程序，连接到在远程主机上的 FTP 服务器程序。用户通过客户机

图 4-4-9 “group 属性”界面

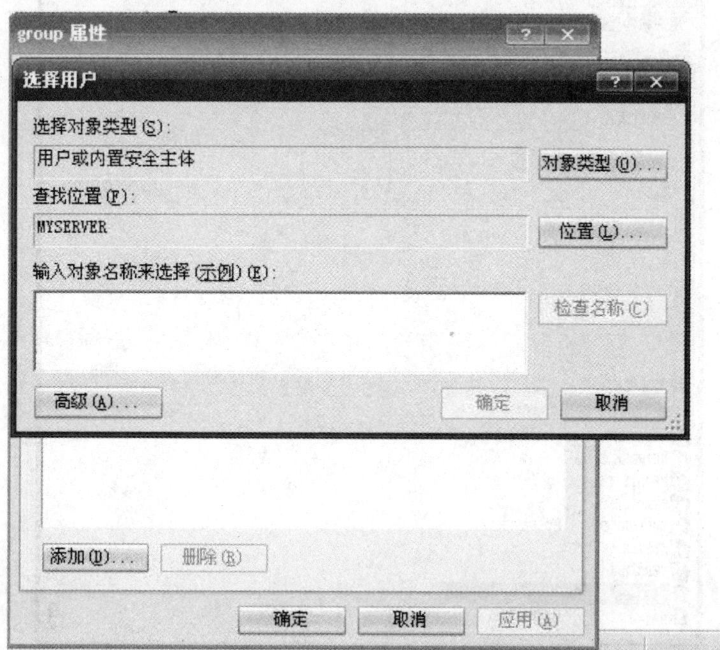

图 4-4-10 “选择用户”界面

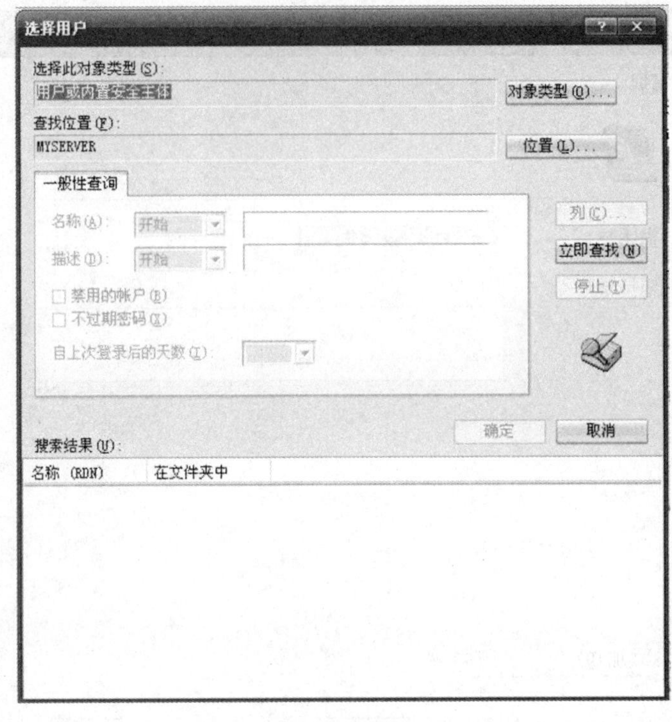

图4－4－11　单击“立即查找”

图4－4－12　将用户添加到“组”

图 4-4-13 添加用户到“group”组

程序向服务器程序发出命令，服务器程序执行用户所发出的命令，并将执行的结果返回到客户机。比如说，用户发出一条命令，要求服务器向用户传送某一个文件的一份拷贝，服务器会响应这条命令，将指定文件送至用户的机器上。客户机程序代表用户接收到这个文件，将其存放在用户目录中。

FTP 是仅基于 TCP 的服务，不支持 UDP。与众不同的是 FTP 使用 2 个端口，一个数据端口和一个命令端口（也可叫作控制端口）。通常来说这两个端口是 21（命令端口）和 20（数据端口）。但 FTP 工作方式的不同，数据端口并不总是 20。这就是主动与被动 FTP 的最大不同之处。主要有两种工作模式：

1. 主动 FTP

主动 FTP 即 Port 模式，客户端从一个任意的非特权端口 N（$N>1024$）连接到 FTP 服务器的命令端口，也就是 21 端口。然后客户端开始监听端口 $N+1$，并发送 FTP 命令“Port $N+1$”到 FTP 服务器。接着服务器会从它自己的数据端口（20）连接到客户端指定的数据端口（$N+1$）。

针对 FTP 服务器前面的防火墙来说，必须允许以下通信才能支持主动方式 FTP：

（1）任何大于 1024 的端口到 FTP 服务器的 21 端口。（客户端初始化的连接）。

（2）FTP 服务器的 21 端口到大于 1024 的端口。（服务器响应客户端的控制端口）。

（3）FTP 服务器的 20 端口到大于 1024 的端口。（服务器端初始化数据连接到客户端的数据端口）。

（4）大于 1024 端口到 FTP 服务器的 20 端口（客户端发送 ACK 响应到服务器的数据端口）。

2. 被动 FTP

为了解决服务器发起到客户的连接的问题，人们开发了一种不同的 FTP 连接方式。这就是所谓的被动方式，或者叫作 PASV，当客户端通知服务器它处于被动模式时才启用。

在被动方式 FTP 中，命令连接和数据连接都由客户端发起，这样就可以解决从服务器到客户端的数据端口的入方向连接被防火墙过滤掉的问题。

当开启一个 FTP 连接时，客户端打开两个任意的非特权本地端口（$N>1024$ 和 $N+1$）。第一个端口连接服务器的 21 端口，但与主动方式的 FTP 不同，客户端不会提交 PORT 命令并允许服务器来回连它的数据端口，而是提交 PASV 命令。这样做的结果是服务器会开启一个任意的非特权端口（$P>1024$），并发送 PORT P 命令给客户端。然后客户端发起从本地端口 $N+1$ 到服务器的端口 P 的连接用来传送数据。

对于服务器端的防火墙来说，必须允许下面的通信才能支持被动方式的 FTP：

（1）从任何大于 1024 的端口到服务器的 21 端口（客户端初始化的连接）。

（2）服务器的 21 端口到任何大于 1024 端口（服务器响应到客户端的控制端口的连接）。

（3）从任何大于 1024 端口到服务器的大于 1024 端口（客户端初始化数据连接到服务器指定的任意端口）。

（4）服务器的大于 1024 端口到远程的大于 1024 端口（服务器发送 ACK 响应和数据到客户端的数据端口）。

六、学习活动检查与评价（如下表所示）

学习活动四检查与评价

评价要点		自评	互评	教师评
专业知识点	了解主动、被动 FTP			
	理解创建组和用户的方法			
专业实训能力	会安装隔离用户账户			

说明：评价分为四个等级，分别为优、良、一般、差，其中教师评价为总评结果。

七、学习活动实训报告

________实训报告

专业：________________

姓名：________________

学号：________________

日期：________________

组号		组长	
实训名称			
成绩			

一、实训目的

二、实训步骤（具体过程）

三、实训结论

四、小结

学习活动五 规划目录结构

【学习目标】

通过本活动学习，学会创建隔离用户 FTP 站点的目录。

【学习重点】

隔离用户 FTP 服务器的目录创建。

【学习过程】

一、学习活动背景

创建好隔离用户 FTP 服务器，要规划文件目录和文件名。

二、学习活动描述

FTP 站点主目录必须在 NTFS 分区中创建，主目录下的子文件夹名称必须为“localuser”，且在其下创建的文件夹必须与相关的用户账户使用完全相同的名称，否则将无法使用该用户账户登录。

三、学习活动要求

在 NTFS 分区下规划下一个目录结构，使之适用匿名用户、user1、user2 等用户登录。

四、学习活动实施

（1）如图 4 -5 -1 所示，使用 NTFS 格式化 D 盘，在 D 盘根目下创建目录“ftpisolation”。

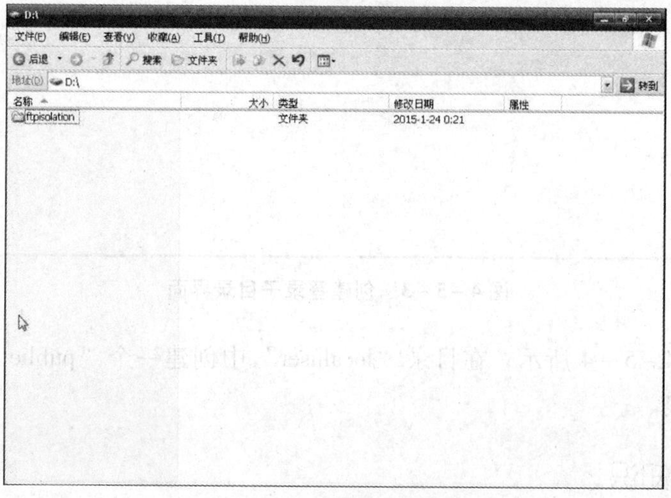

图 4 -5 -1 创建目录界面

（2）如图4－5－2所示，在“ftpisolation”下创建一个子目录“localuser”。

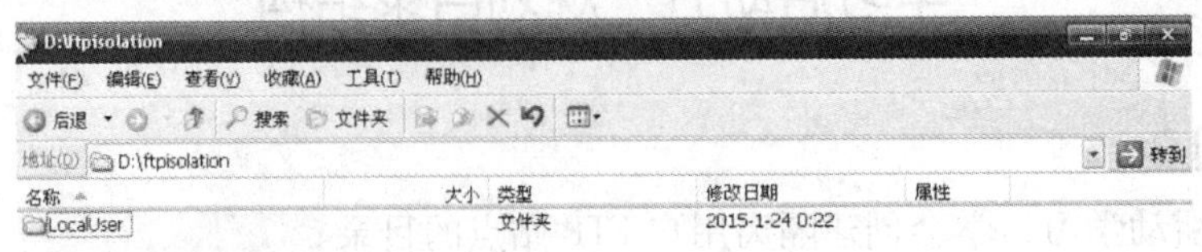

图4－5－2　创建于目录界面

（3）如图4－5－3所示，在“localuser”目录下，建子目录“user1”和“user2”。

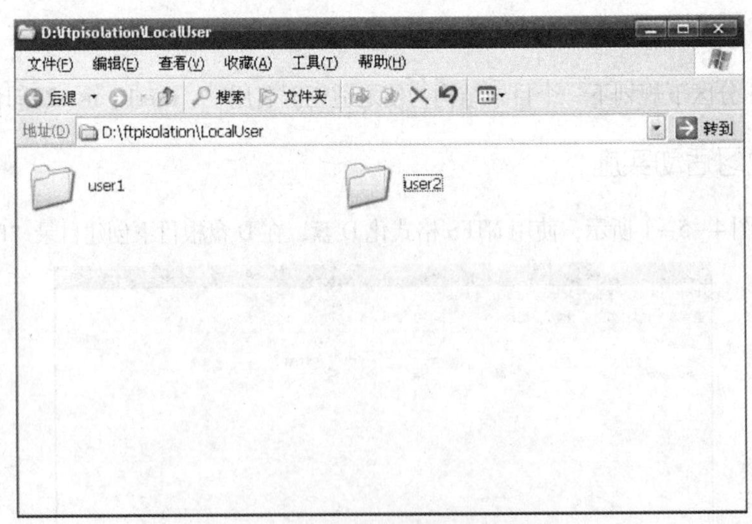

图4－5－3　创建登录子目录界面

（4）如图4－5－4所示，在目录“localuser”中创建一个“public”，为匿名用户登录的访问目录。

五、预备知识

客户机/服务器也叫c/s客户机是体系结构的核心部分，是一个面向最终用户的接

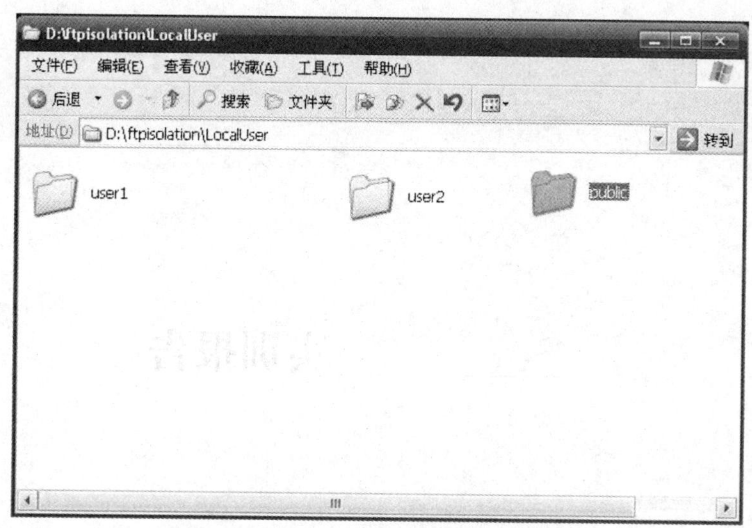

图 4－5－4 创建公共登录子目录界面

口设备或应用程序。它是一项服务的消耗者，可向其他设备或应用程序提出请求，然后再向用户显示所得信息；服务器是一项服务的提供者，它包含并管理数据库和通信设备，为客户请求过程提供服务；连接支持是用来连接客户机与服务器的部分，如网络连接、网络协议、应用接口等。FTP 有 FTP 客户端程序直接面向用户提供文件传输服务接口，FTP 也有服务器程序为客户端的请求提供相应的服务。FTP 协议为 FTP 客户端和服务器端的通信提供了统一的表达方式。

六、学习活动检查与评价（如下表所示）

学习活动五检查与评价

评价要点		自评	互评	教师评
专业知识点	了解 FTP 基础知识			
	理解创建目录的方法			
专业实训能力	会规划设置隔离用户目录			

说明：评价分为四个等级，分别为优、良、一般、差，其中教师评价为总评结果。

七、学习活动实训报告

________实训报告

专业：________

姓名：________

学号：________

日期：________

组号		组长	
实训名称			
成绩			

一、实训目的

二、实训步骤（具体过程）

三、实训结论

四、小结

学习活动六　创建隔离用户 FTP 站点

【学习目标】

通过本活动学习，学会创建隔离用户 FTP 站点。

【学习重点】

创建隔离用户 FTP 服务器。

【学习过程】

一、学习活动背景

规划文件目录和文件名，创建隔离用户 FTP 服务器站点。

二、学习活动描述

FTP 组件安装完成后，目录规划和用户均已创建完成，就可以创建隔离用户 FTP，来提高信息访问的安全性。

三、学习活动要求

在 Windows Server 2003 系统中，创建隔离用户 FTP 站点使不同的用户进入目录操作。

四、学习活动实施

（1）如图 4－6－1 所示，在控制台根据节点窗口中，右击“FTP 站点”，单击“新

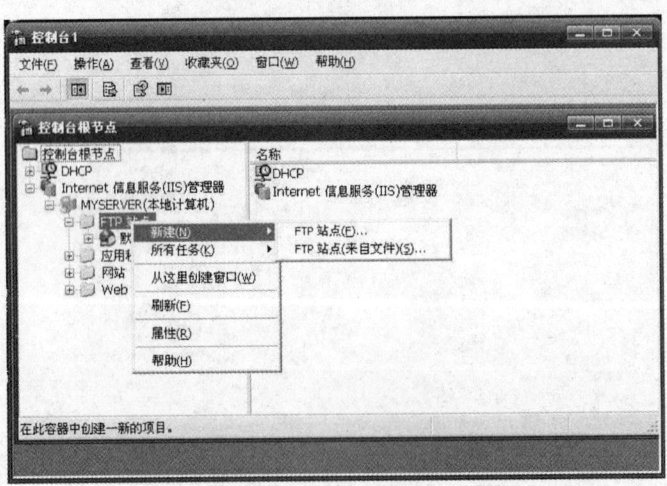

图 4－6－1　控制台界面

建”，再单击“FTP站点”。

（2）如图4－6－2所示，在“FTP站点创建向导”窗口，单击“下一步”按钮。

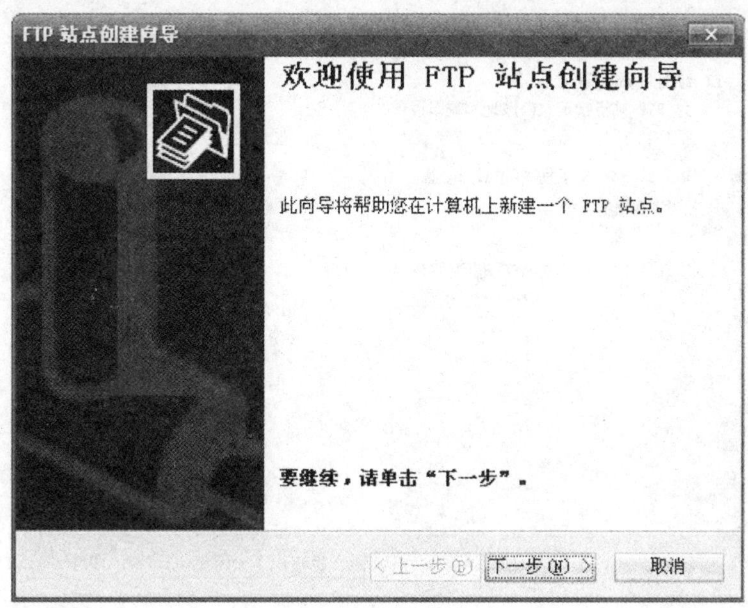

图4－6－2　“FTP站点创建向导”界面

（3）如图4－6－3所示，输入站点描述“隔离用户FTP站点”，单击“下一步”按钮。

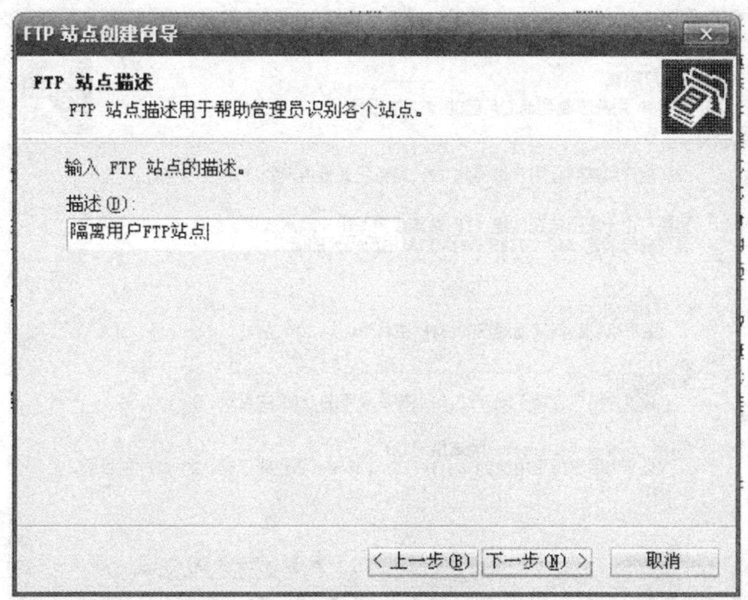

图4－6－3　“FTP站点描述”界面

（4）如图4－6－4所示，输入FTP站点IP地址，端口默认即可，单击“下一步”按钮。

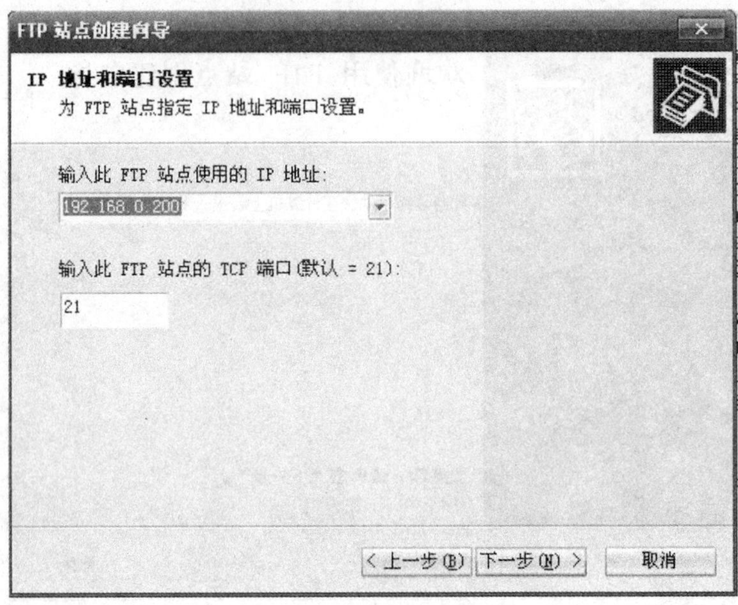

图4－6－4　“IP地址和端口设置”界面

（5）如图4－6－5所示，选择“隔离用户”选项，单击“下一步”按钮。

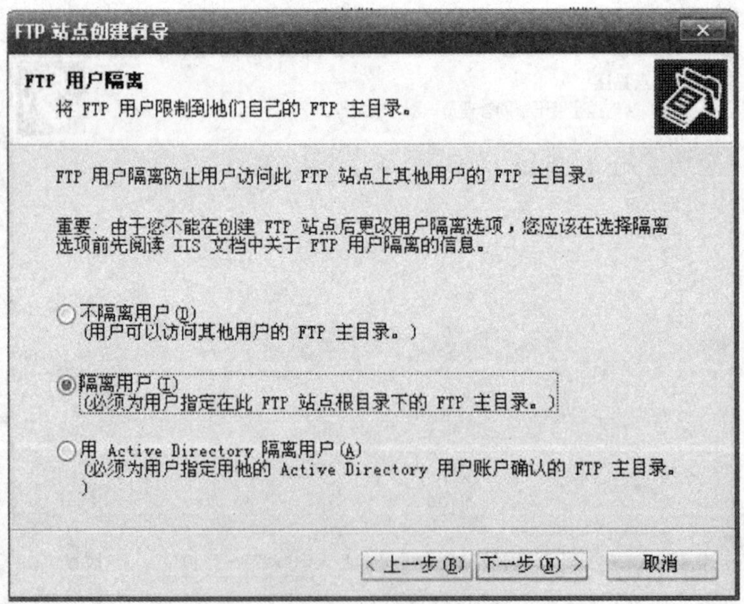

图4－6－5　“FTP用户隔离”界面

（6）如图 4－6－6 所示，选择“FTP 站点”目录。

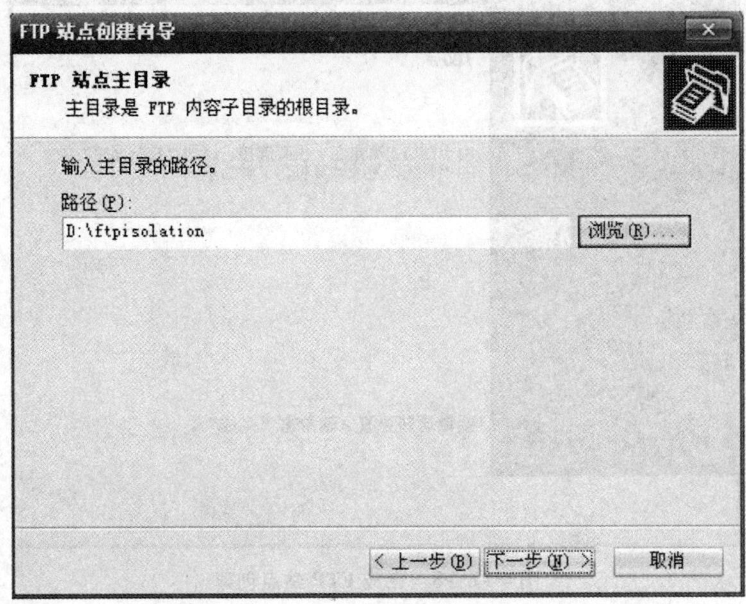

图 4－6－6　“FTP 站点主目录”界面

（7）如图 4－6－7 所示，设置 FTP 站点权限为“读取”，单击“下一步”按钮。

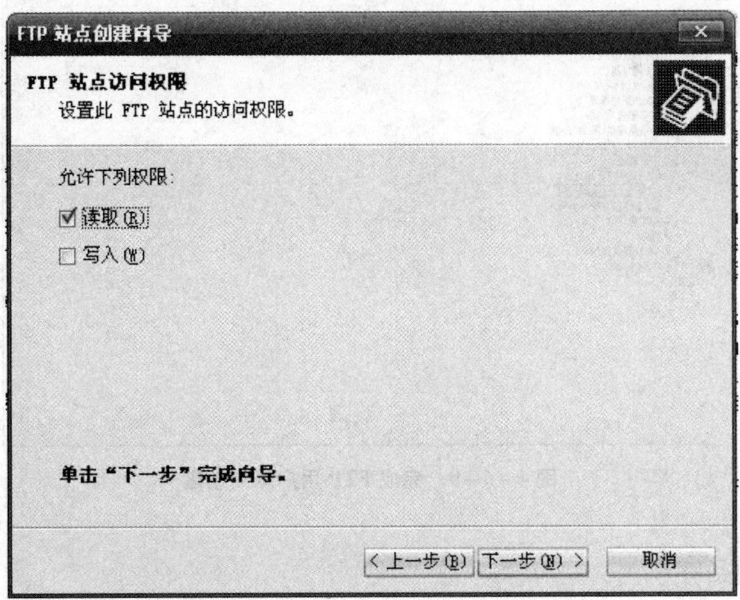

图 4－6－7　“FTP 站点访问权限”界面

（8）如图 4－6－8 所示，单击“完成”按钮。

（9）如图 4－6－9 所示，创建隔离用户 FTP 站点。

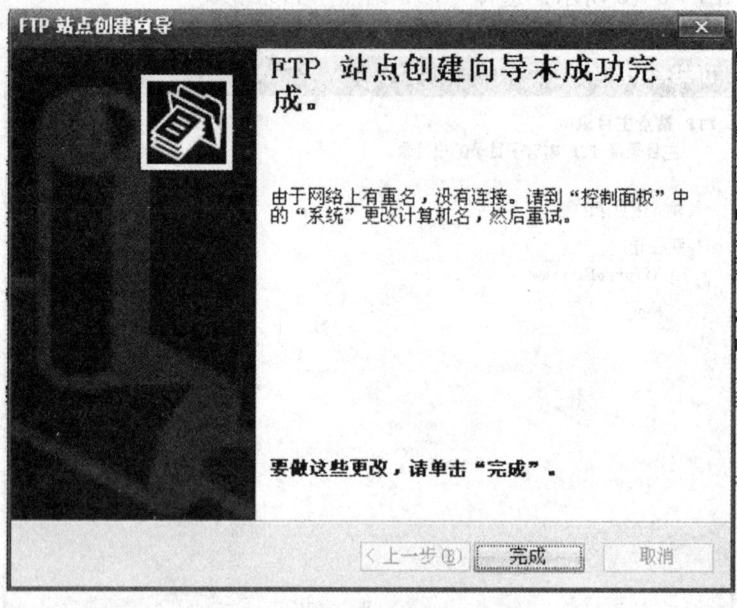

图 4-6-8　完成 FTP 站点创建

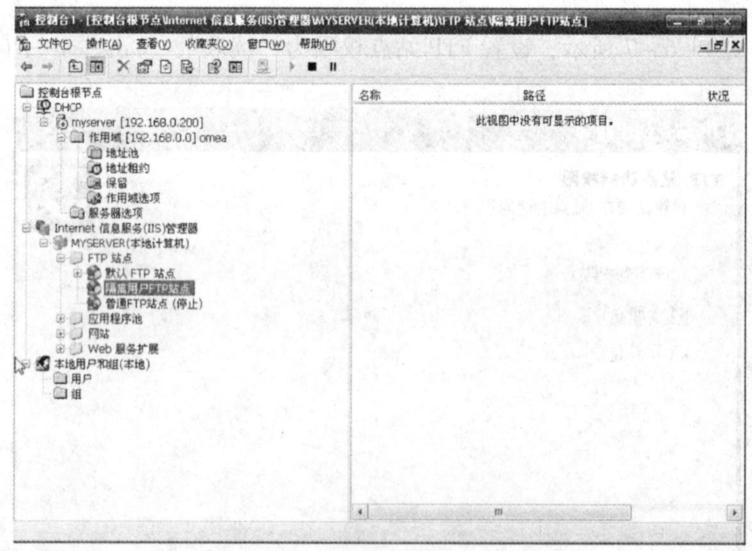

图 4-6-9　完成 FTP 用户隔离创建

五、预备知识

匿名 FTP 是这样一种机制，用户可通过它连接到远程主机上，并从其下载文件，而无须成为其注册用户。系统管理员建立了一个特殊的用户 ID，名为 anonymous，Internet 上的任何人在任何地方都可使用该用户 ID。

用户隔离模式的 FTP 服务器提高了 FTP 目录的安全性，可以将不同用户隔离在独立的目录中。拥有 FTP 服务器合法登录权限的用户可以使用用户账户访问自己的 FTP 目录。

六、学习活动检查与评价（如下表所示）

学习活动六检查与评价

评价要点		自评	互评	教师评
专业知识点	了解 FTP 服务器基础知识			
	理解隔离用户 FTP 服务器工作原理			
专业实训能力	会创建隔离用户 FTP 服务器			

说明：评价分为四个等级，分别为优、良、一般、差，其中教师评价为总评结果。

七、学习活动实训报告

________实训报告

专业：________________

姓名：________________

学号：________________

日期：________________

组号		组长	
实训名称			
成绩			

一、实训目的

二、实训步骤（具体过程）

三、实训结论

四、小结

学习活动七　访问隔离用户 FTP 站点

【学习目标】

通过本活动学习，学会访问隔离用户 FTP 站点。

【学习重点】

访问隔离用户 FTP 站点。

【学习过程】

一、学习活动背景

规划文件目录和文件名，创建隔离用户 FTP 服务器站点。

二、学习活动描述

FTP 隔离用户站创建完成，用匿名和用户账户访问隔离用户 FTP 站点。

三、学习活动要求

用匿名访问隔离 FTP 站点，用账户登录隔离用户 FTP 站点。

四、学习活动实施

（1）匿名访问，如图 4－7－1 所示，右击“隔离用户 FTP 站点”，选择“属性”。

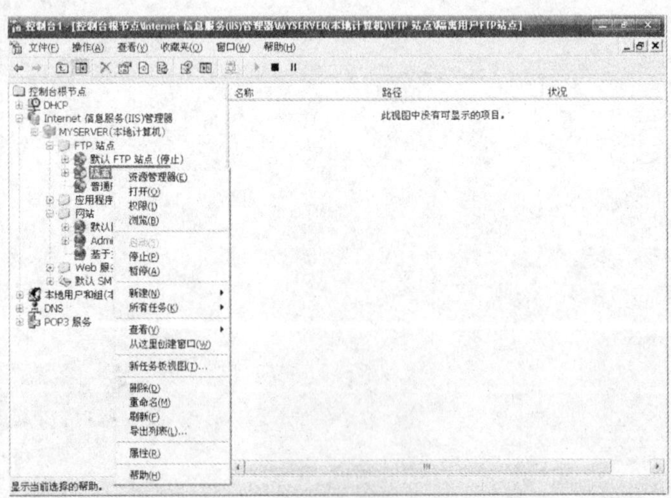

图 4－7－1　“控制台根节点”界面

(2) 如图 4－7－2 所示，选择“安全账户”选项卡，勾选“允许匿名连接”。

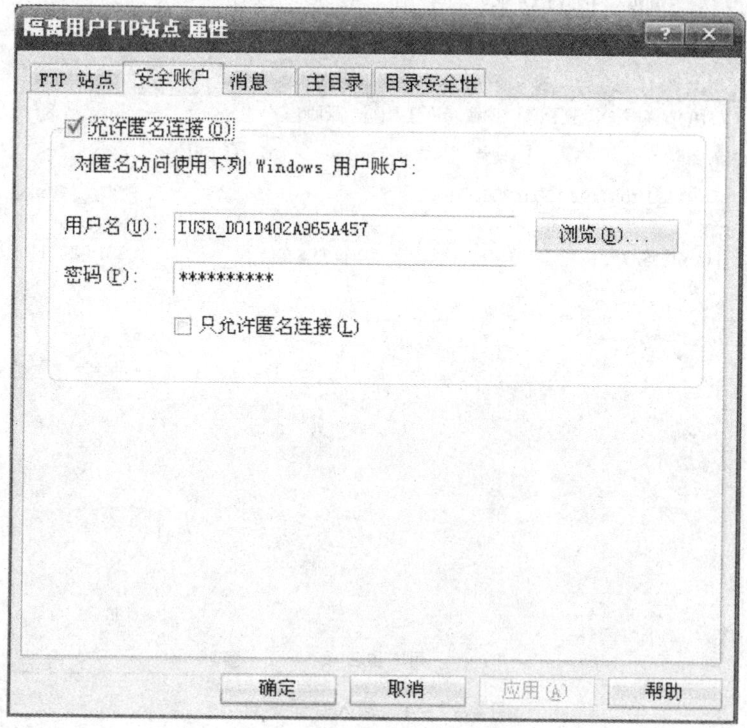

图 4－7－2 “隔离用户 FTP 站点属性”界面

(3) 如图 4－7－3 所示，打开 IE 浏览器，在地址栏中输入“ftp://192.168.0.200”，勾选“匿名登录”，单击“登录”按钮。

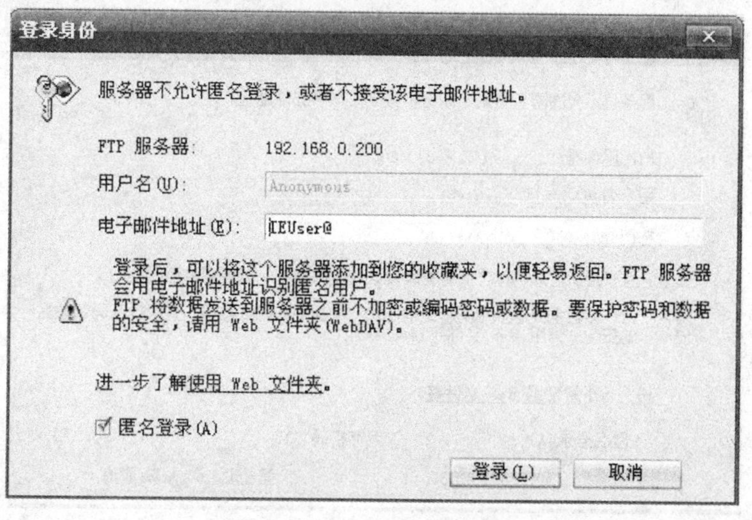

图 4－7－3 匿名登录界面

（4）如图 4－7－4 所示，打开 IE 浏览器，在地址栏中输入“ftp：//192. 168. 0. 200”，勾选“匿名登录”，单击“登录”按钮。

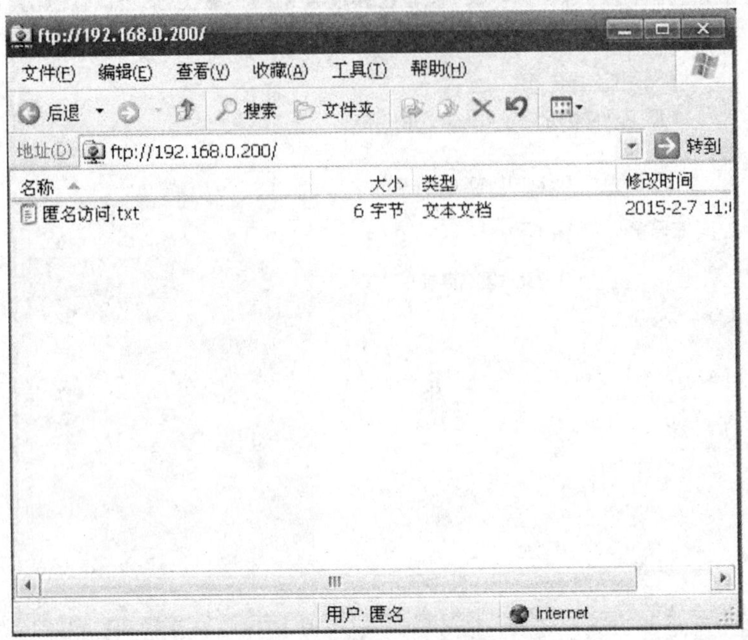

图 4－7－4　输入登录地址

（5）通过命名用户访问，不勾选图 4－7－2 中“只允许匿名连接”。打开 IE 浏览器，在地址栏目中输入“ftp://192. 168. 0. 200”，在弹出的“登录身份”对话框中输入账户 user1 和密码，如图 4－7－5 所示。

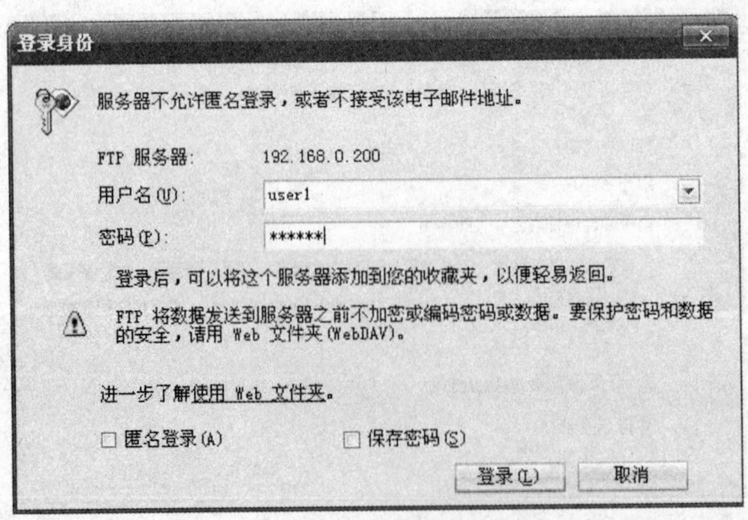

图 4－7－5　“登录身份”界面

（6）单击“登录”按钮后，即可进入用户“user1”的权限目录，如图 4－7－6 所示。

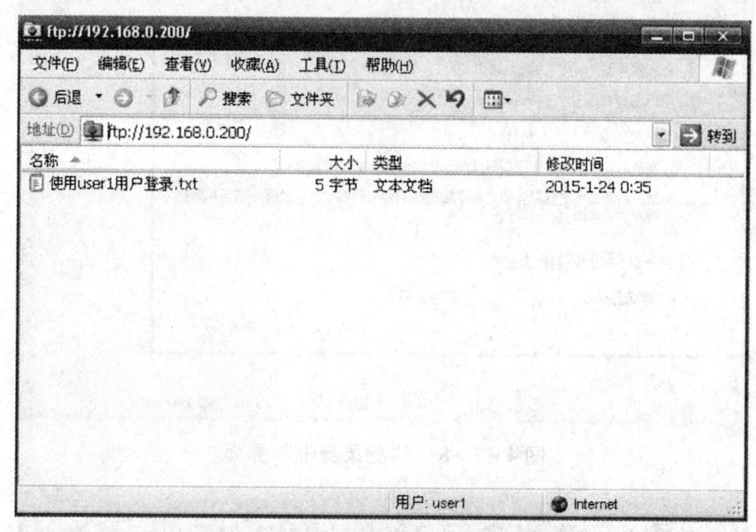

图 4－7－6　“用户 user1”界面

（7）切换登录用户，在 IE 浏览器中右击空白处，在右键菜单中选择“登录”，如图 4－7－7 所示。

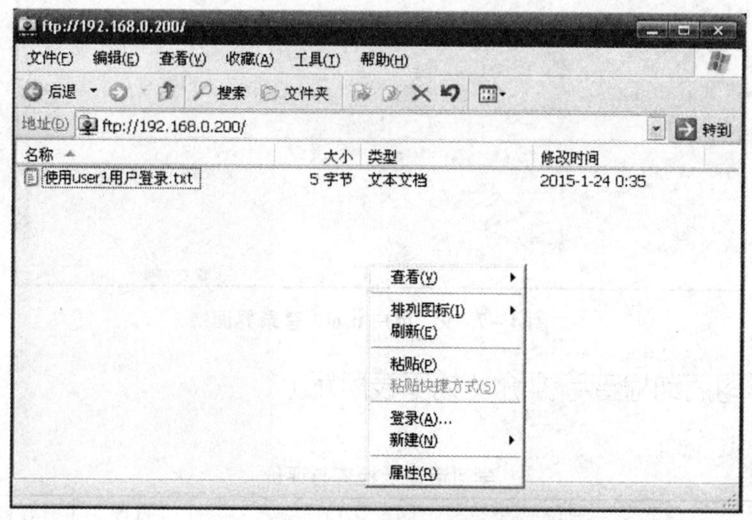

图 4－7－7　“属性”界面

（8）在弹出的“登录身份”窗口中输入账户“user2”和密码，如图 4－7－8 所示。

（9）单击“登录”按钮后，立即可进入用户 user2 的权限目录，如图 4－7－9 所示。

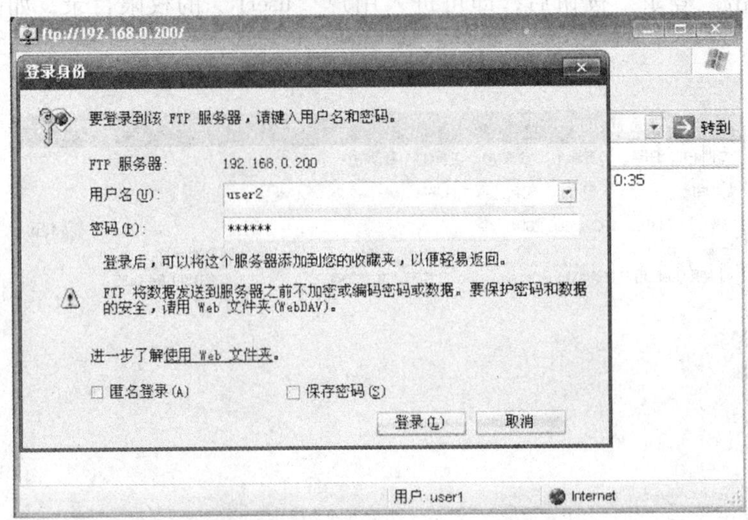

图 4-7-8　“登录身份”界面

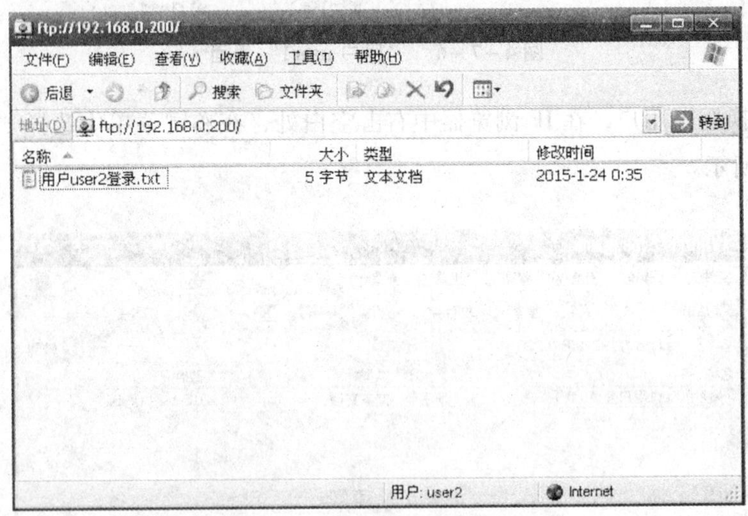

图 4-7-9　用户 user2 登录界面

五、学习活动检查与评价（如下表所示）

学习活动七检查与评价

评价要点		自评	互评	教师评
专业知识点	了解匿名登录和账户登录			
专业实训能力	会用两种方式登录，并能够上传和下载资料			

说明：评价分为四个等级，分别为优、良、一般、差，其中教师评价为总评结果。

六、学习活动实训报告

________实训报告

专业：________________

姓名：________________

学号：________________

日期：________________

组号		组长	
实训名称			
成绩			

一、实训目的

二、实训步骤（具体过程）

三、实训结论

四、小结

学习情境五　配置邮件服务器

学习情境背景

今天，传统的邮件收发已不适合我们信息传输，在 Internet/Intranet 上传递信息已经被我们广泛使用，因此通过电子邮件发送信息和接收信息是我们的必要选择。

学习目标

通过本活动学习，学生可以知道邮件服务器的作用，会安装邮件服务器，通过客户端的 Outlook 软件发送信息和接收信息。

学习活动安排

（1）安装电子邮件服务器组件。

（2）安装电子邮件服务器。

（3）设置邮件大小。

（4）创建用户和邮箱。

（5）收发邮件。

学习过程流程图

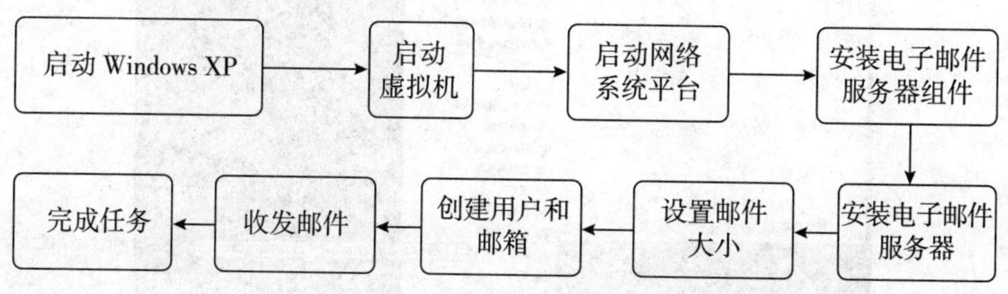

学习活动一　安装电子邮件服务器组件

【学习目标】

通过本活动学习，学会安装邮件组件的方法。

【学习重点】

电子邮件服务器组件安装。

【学习过程】

一、学习活动背景

为了配置邮件服务器，需要知道并会安装邮件服务器的组件。

二、学习活动描述

配置邮件服务器，就是要安装 SMTP 服务器和 POP3 服务器。SMTP 服务器包含在 IIS 6.0 中，POP3 服务器需要单独安装。所以，需要分别对 SMTP 服务器和 POP3 服务器进行设置。

三、学习活动要求

在一台 Windows Server 2003 服务器上安装邮件的组件。

四、学习活动实施

（1）如图 5 –1 –1 所示，依次单击“开始 | 控制面板 | 添加/删除程序”，打开“添加/删除程序”窗口。

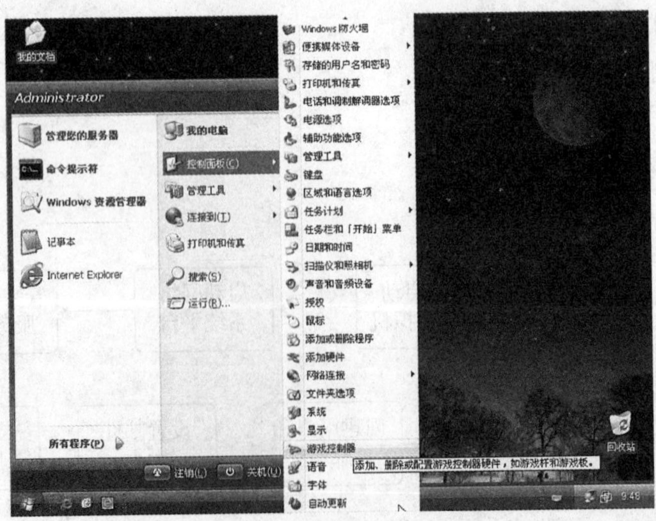

图 5 –1 –1　“控制面板”界面

（2）如图 5-1-2 所示，在此组件上，单击“添加/删除 Windows 组件”。

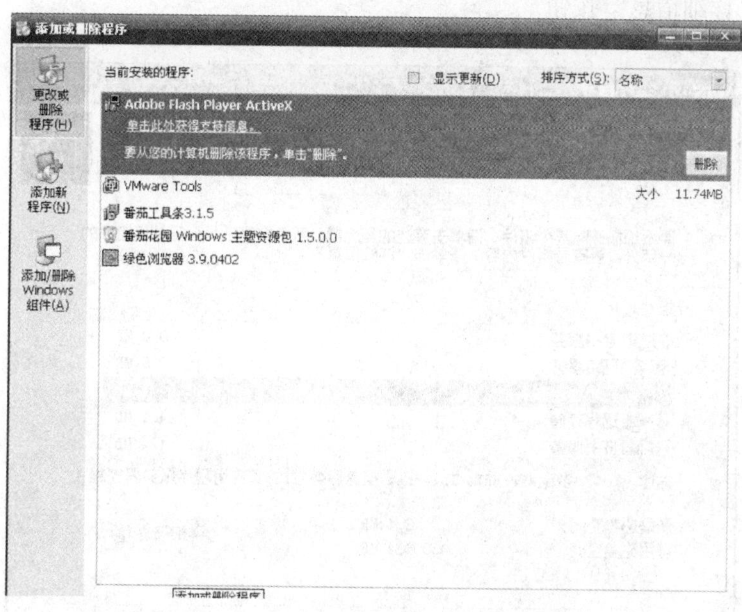

图 5-1-2 “添加或删除程序”界面

（3）如图 5-1-3 所示，在“Windows 组件向导”窗口，勾选“电子邮件服务”选项。

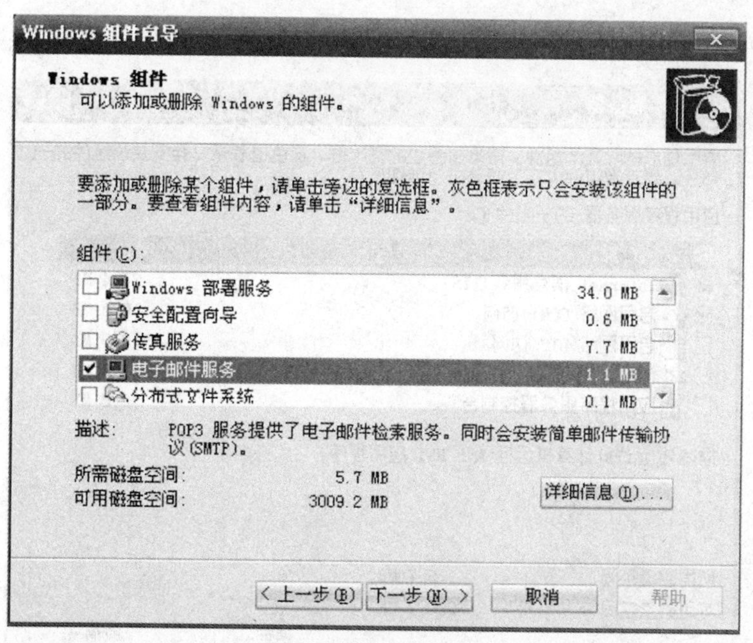

图 5-1-3 “Windows 组件向导”界面

(4) 如图 5-1-4 所示，在“Windows 组件向导”窗口中，选择“应用程序服务器”，单击“详细信息”按钮。

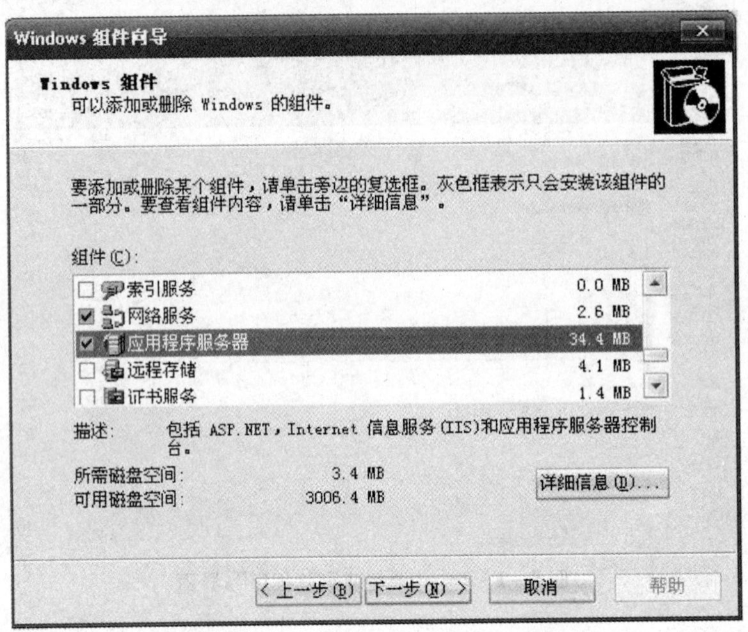

图 5-1-4　“Windows 组件”界面

(5) 如图 5-1-5 所示，在“应用程序服务器”窗口中选择“Internet 信息服务(IIS)”，单击“详细信息”按钮。

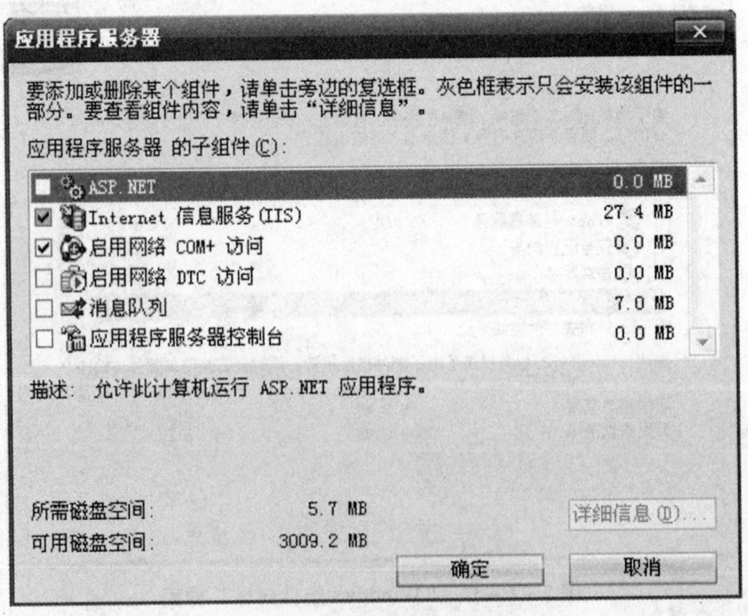

图 5-1-5　“应用程序服务器”界面

（6）如图 5－1－6 所示，在“Internet 信息服务（IIS）”窗口中，勾选“SMTP Service”选项。

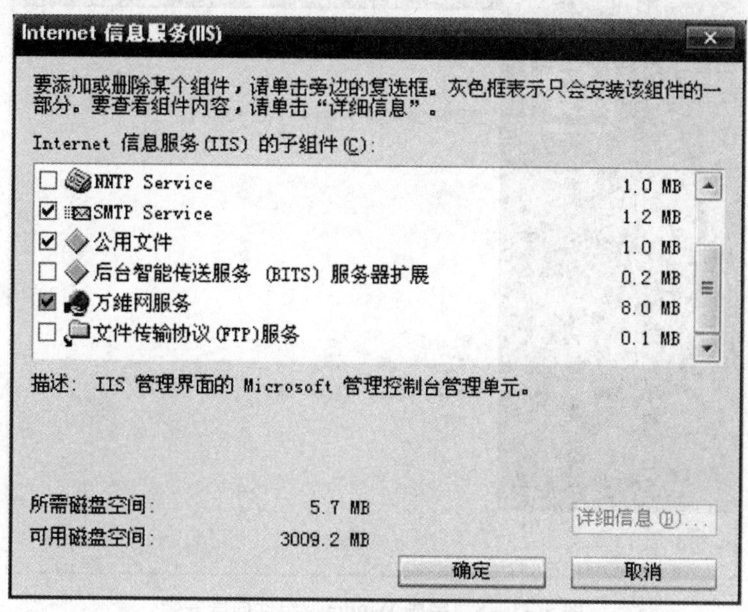

图 5－1－6　“Internet 信息服务”界面

（7）如图 5－1－7 所示，两次单击“确定”按钮，再单击“下一步”，开始安装组件。

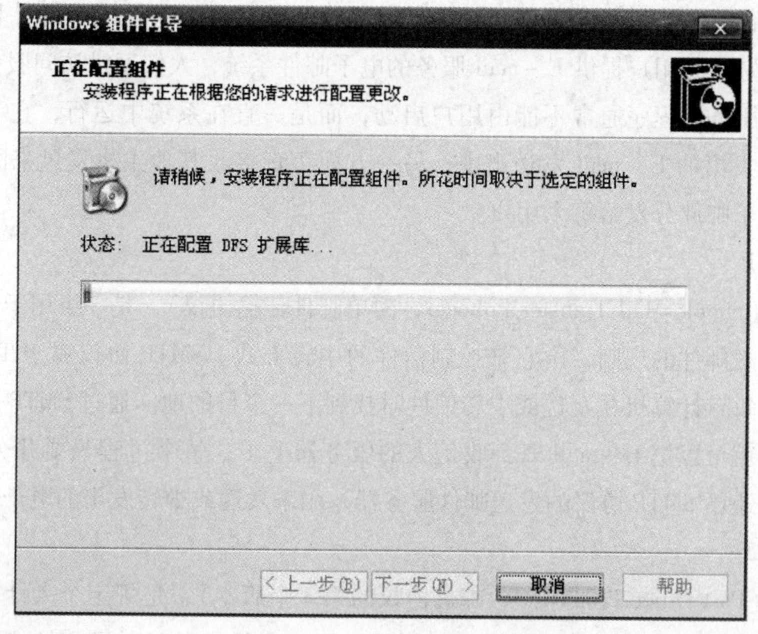

图 5－1－7　“Windows 组件向导”界面

（8）如图 5－1－8 所示，单击“完成”按钮完成组件向导的安装。

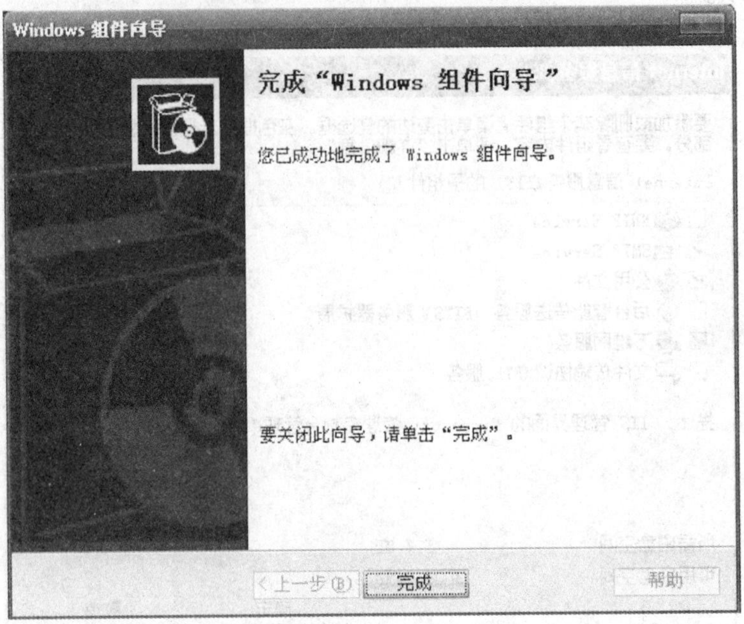

图 5－1－8　完成 Windows 组件向导安装

五、预备知识

电子邮件服务器是处理邮件交换的软硬件设施的总称，包括电子邮件程序、电子邮件箱等。它是为用户提供 E－mail 服务的电子邮件系统，人们通过访问服务器实现邮件的交换。服务器程序通常不能由用户启动，而是一直在系统中运行，它一方面负责把本机器上发出的 E－mail 发送出去，另一方面负责接收其他主机发过来的 E－mail，并把各种电子邮件分发给每个用户。

1. SMTP

SMTP（Simple Mail Transfer Protocol，简单邮件传输协议），是一组用于由源地址到目的地址传送邮件的规则，由它来控制信件的中转方式。SMTP 协议属于 TCP/IP 协议族，它帮助每台计算机在发送或中转信件时找到下一个目的地。通过 SMTP 协议所指定的服务器，就可以把 E－mail 寄到收信人的服务器上了，整个过程只要几分钟。SMTP 服务器则是遵循 SMTP 协议的发送邮件服务器，用来发送或中转发出的电子邮件。

2. POP3

POP3（Post Office Protocol 3，邮局协议的第 3 个版本），是规定个人计算机如何连接到互联网上的邮件服务器进行收发邮件的协议。它是互联网电子邮件的第一个离线协议标准，POP3 协议允许用户从服务器上把邮件存储到本地主机（即自己的计算机）

上，同时根据客户端的操作删除或保存在邮件服务器上的邮件，而 POP3 服务器则是遵循 POP3 协议的接收邮件服务器，用来接收电子邮件。POP3 协议是 TCP/IP 协议族中的一员，由 RFC 1939 定义。本协议主要用于支持使用客户端远程管理在服务器上的电子邮件

3. IMAP

IMAP（Internet Mail Access Protocol，交互式邮件存取协议），是斯坦福大学在 1986 年研发的一种邮件获取协议。它的主要作用是邮件客户端（如 MS Outlook Express）可以通过这种协议从邮件服务器上获取邮件的信息，下载邮件等。当前的权威定义是 RFC3501。IMAP 协议运行在 TCP/IP 协议之上，使用的端口是 143。它与 POP3 协议的主要区别是用户可以不用把所有的邮件全部下载，可以通过客户端直接对服务器上的邮件进行操作。

六、学习活动检查与评价（如下表所示）

学习活动一检查与评价

评价要点		自评	互评	教师评
专业知识点	了解电子邮件服务器基础知识			
	理解电子邮件服务器作用			
专业实训能力	会安装电子邮件服务器组件			

说明：评价分为四个等级，分别为优、良、一般、差，其中教师评价为总评结果。

七、学习活动实训报告

________实训报告

专业：________

姓名：________

学号：________

日期：________

组号		组长	
实训名称			
成绩			

一、实训目的

二、实训步骤（具体过程）

三、实训结论

四、小结

学习活动二　安装电子邮件服务器

【学习目标】

通过本活动学习，学会安装邮件服务器的搭建方法。

【学习重点】

电子邮件服务器安装。

【学习过程】

一、学习活动背景

已安装邮件服务器的组件，要对 SMTP 和 POP3 进一步的配置，邮件服务器才能正式运行。

二、学习活动描述

需要对 SMTP 服务器和 POP3 服务器进行设置。

三、学习活动要求

在已经安装好邮件组件的服务器上，安装邮件服务器。

四、学习活动实施

(1) 如图 5 -2 -1 所示，在控制台窗口中，单击“DNS | 正向查找区域”，选中

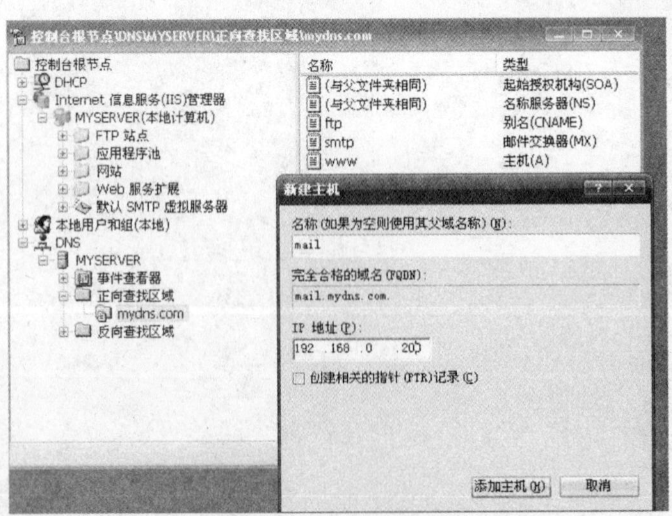

图 5 -2 -1　“新建主机”界面

“mydns. com”后单击鼠标右键，再单击“新建主机”。

（2）如图5－2－2所示，为DNS服务器添加一条邮件交换记录。

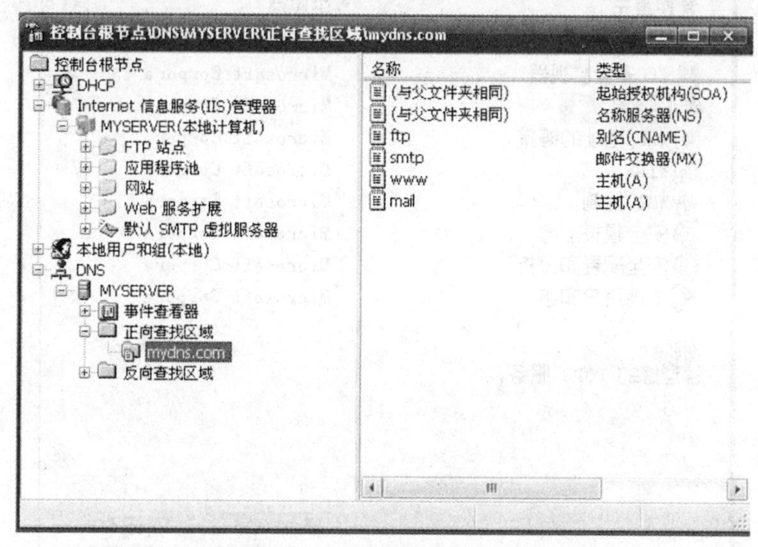

图5－2－2　添加邮件交换记录界面

（3）如图5－2－3所示，配置邮件服务器的IP地址和DNS服务器地址。

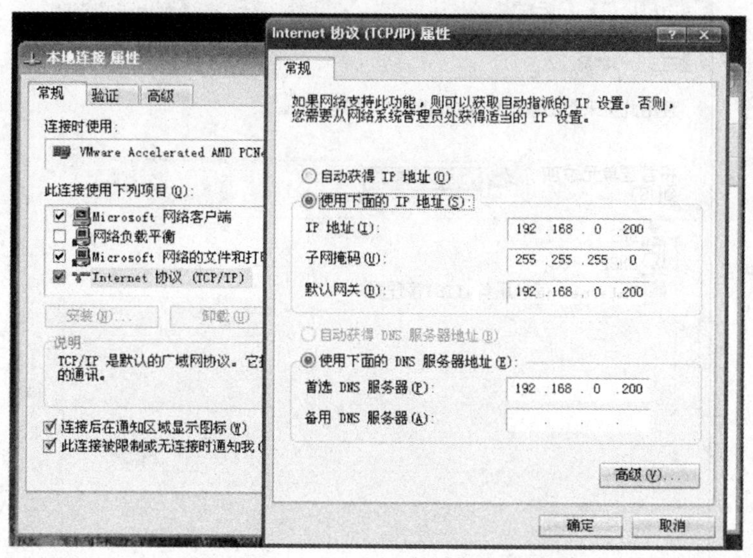

图5－2－3　“Internet 协议属性”界面

（4）如图5－2－4所示，在“控制台”面板中，单击“添加/删除管理单元”按钮。

（5）如图5－2－5所示，在“添加/删除管理单元”窗口中，选择“POP3服务”，单击“添加”按钮。

图 5-2-4 “添加独立管理单元”界面

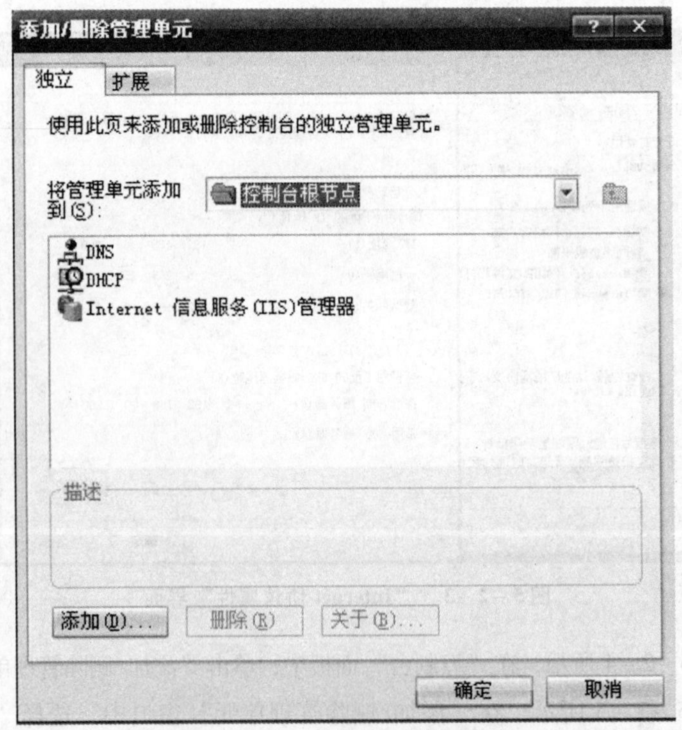

图 5-2-5 “独立”选项卡界面

（6）如图 5－2－6 所示，在“控制台 1”窗口中，添加“POP3 服务”的管理，选择“POP3 服务 | myserver”，单击鼠标右键，在右键菜单中，选择“新建 | 域”。

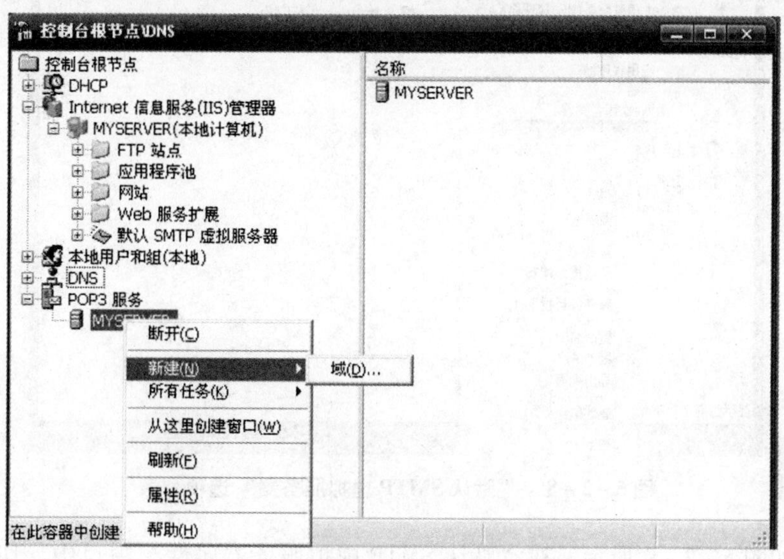

图 5－2－6　控制台界面

（7）如图 5－2－7 所示，在“添加域”窗口中，输入域名“mydns. com”，单击“确定”按钮，完成 POP3 服务器的设置。

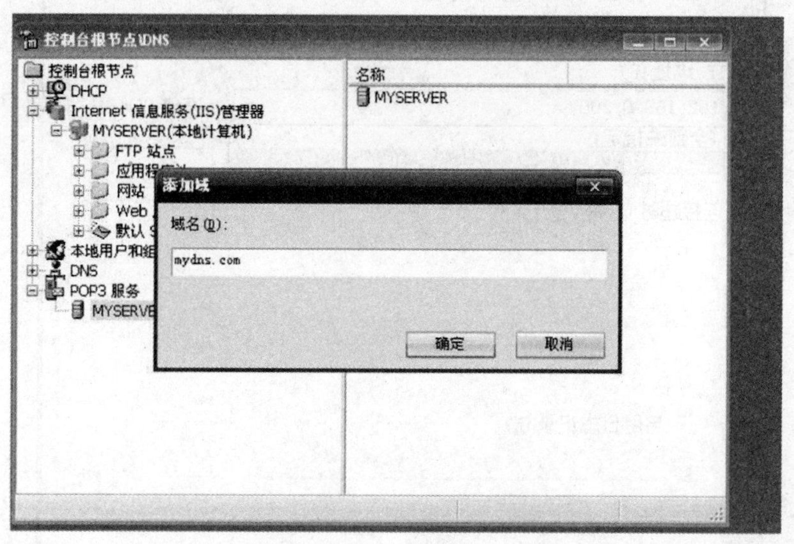

图 5－2－7　“添加域”界面

（8）如图 5－2－8 所示，在控制台窗口中选择“Internet 信息服务（IIS）管理器 | myserver | 默认 SMTP 虚拟服务器”，单击鼠标右键，在右键菜单中选择“属性”。

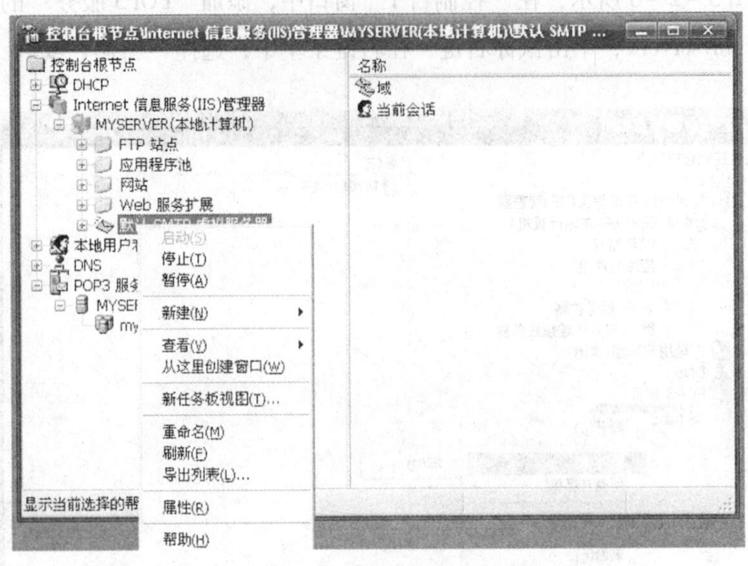

图 5-2-8 “默认 SMTP 虚拟服务器”选项列表

(9) 如图 5-2-9 所示，在“默认 SMTP 虚拟服务器属性”窗口中，切换到“常

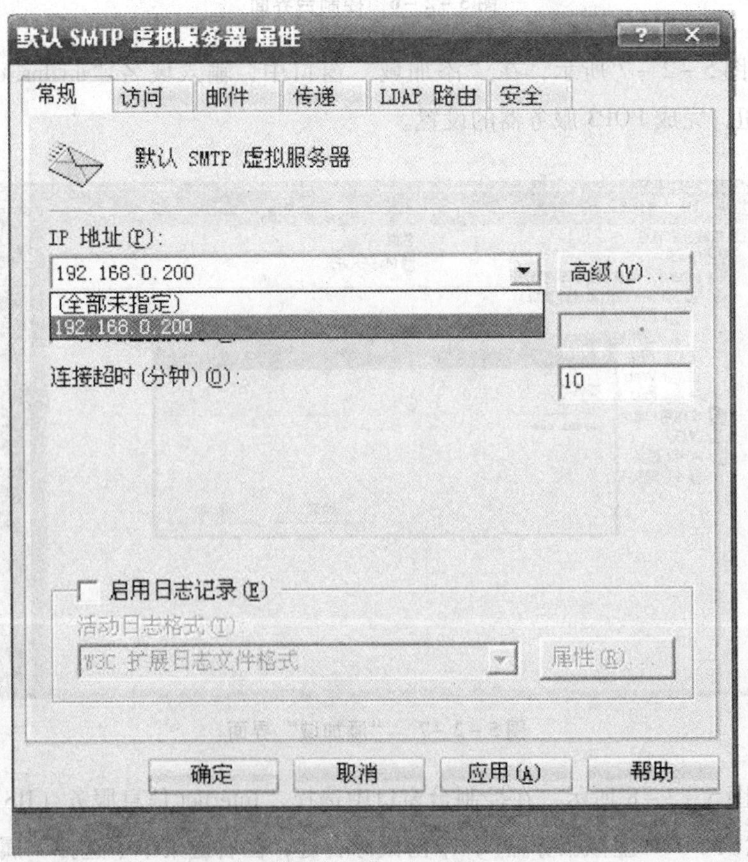

图 5-2-9 “常规”选项卡界面

规”选项卡，“IP 地址”选择本机 IP，单击“确定”按钮完成“SMTP”的设置。

五、预备知识

1. IMAP 协议

IMAP（Internet Message Access Protocol，互联网信息访问协议），可以通过这种协议将邮件服务器上的邮件双向和计算机或移动设备终端同步邮件信息。IMAP 是一个 C/S 模型协议，用户的电子邮件由服务器负责接收保存，可以通过浏览邮件头来决定是否需要下载此邮件。用户可以在服务器上创建或更改文件来的邮箱、删除邮件或检索邮件的特定部分。该协议的 TCP 端口号为 143。

2. SMTP 协议

（1）SMTP 目前已是事实上在 Internet 传输 E－mail 的标准，是一个相对简单的基于文本的协议。在其之上指定了一条消息的一个或多个接收者（在大多数情况下被确定是存在的），然后消息文本就传输了。SMTP 使用 TCP 端口 25。

（2）SMTP 是工作在两种情况下：一是电子邮件从客户机传输到服务器；二是从某一个服务器传输到另一个服务器。SMTP 也是个请求/响应协议，命令和响应都是基于 ASCⅡ文本。SMTP 在 TCP 协议 25 号端口监听连续请求。

（3）SMTP 连接和发送过程：

①建立 TCP 连接。

②客户端发送 HELO 命令以标识发件人自己的身份，然后客户端发送 mail 命令；服务器端正希望以 OK 作为响应，表明准备接收。

③客户端发送 RCPT 命令，以标识该电子邮件的计划接收人，可以有多个 RCPT 行；服务器端则表示是否愿意为收件人接收邮件。

④协商结束，发送邮件，用命令 DATA 发送。

⑤以“.”号表示结束输入内容一起发送出去，结束此次发送，用 QUIT 命令退出。

3. POP 协议

（1）POP3（Post Office Protocol － Version 3）是 TCP/IP 协议族中的一员，即邮局协议版本 3，是一种用来从邮件服务器上读取邮件的协议。用于将邮件从 POP 服务器传送到用户代理。POP 协议支持“离线”邮件处理。其具体过程是：邮件发送到服务器上，电子邮件客户端调用邮件客户机程序以连接服务器，并下载所有未阅读的电子邮件。这种离线访问模式是一种存储转发服务，将邮件从邮件服务器端送到个人终端机器上。

（2）协议特性：

①POP3 协议默认端口：110。

②POP3 协议默认传输协议：TCP。

③POP3 协议适用的构架结构：C/S。

④POP3 协议的访问模式：离线访问。

六、学习活动检查与评价（如下表所示）

学习活动二检查与评价

评价要点		自评	互评	教师评
专业知识点	了解电子邮件基础知识			
	理解电子邮件作用			
专业实训能力	会安装、配置电子邮件服务器			

说明：评价分为四个等级，分别为优、良、一般、差，其中教师评价为总评结果。

七、学习活动实训报告

______________实训报告

专业：______________________

姓名：______________________

学号：______________________

日期：______________________

组号		组长	
实训名称			
成绩			

一、实训目的

二、实训步骤（具体过程）

三、实训结论

四、小结

学习活动三　设置邮件大小

【学习目标】

通过本活动学习，学会设置单个邮件大小的方法。

【学习重点】

邮件属性设置。

【学习过程】

一、学习活动背景

已安装邮件服务器组件和服务器，系统默认的单个用户邮件最大为2M，根据不同企业要求，可以更改默认邮箱大小。

二、学习活动描述

邮件服务器已搭建成功，会设置电子邮件大小。

三、学习活动要求

将电子邮件服务大小设为20M。

四、学习活动实施

（1）如图5－3－1所示，在“控制台”面板中选择“Internet信息服务（IIS）管

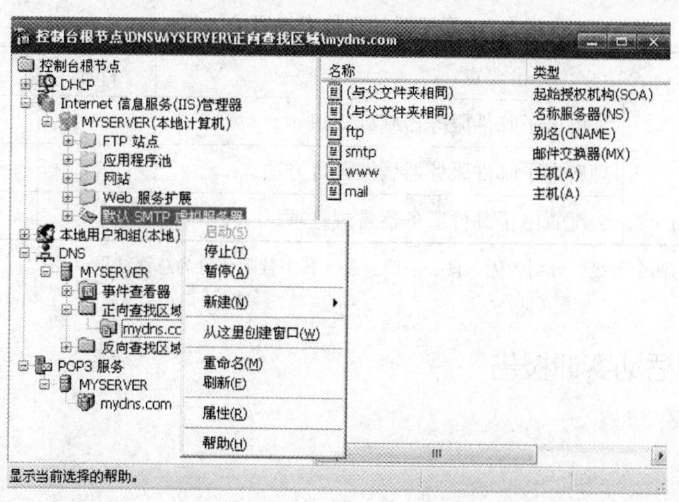

图5－3－1　“控制台根节点”界面

理器 | myserver | 默认 SMTP 虚拟服务器”，单击鼠标右键，在右键菜单中选择“属性”。

（2）如图 5－3－2 所示，在“默认 SMTP 虚拟服务器”属性窗口中，切换到“邮件”选项卡，在“限制邮件大小为”的右边输入“20480”，单击“确定”按钮完成设置。

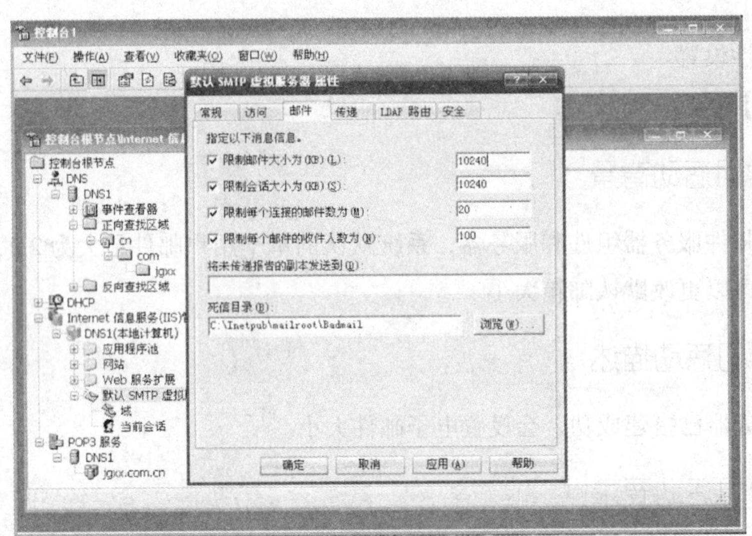

图 5－3－2 “邮件”选项卡界面

五、学习活动检查与评价（如下表所示）

学习活动三检查与评价

评价要点		自评	互评	教师评
专业知识点	了解电子邮件服务器基础知识			
	理解电子邮件服务器属性设置方法			
专业实训能力	会配置电子邮件服务器常规选项			

说明：评价分为四个等级，分别为优、良、一般、差，其中教师评价为总评结果。

六、学习活动实训报告

________实训报告

专业：________________

姓名：________________

学号：________________

日期：________________

组号		组长	
实训名称			
成绩			

一、实训目的

二、实训步骤（具体过程）

三、实训结论

四、小结

学习活动四 创建用户和邮箱

【学习目标】

通过本活动学习，学会创建新用户和邮件。

【学习重点】

用户和邮箱的创建。

【学习过程】

一、学习活动背景

邮件服务器搭建完成后，要创建邮件账户，才可以收发电子邮件。

二、学习活动描述

邮件服务器搭建完成后，创建两个邮件地址。

三、学习活动要求

在邮件服务器中建邮件账户“user01”和“user03”，密码和用户名相同。

四、学习活动实施

(1) 如图 5-4-1 所示，在“控制台”面板中选择“POP3 服务 | myserver | mydns. cn”，单击鼠标右键，在右键菜单中选择“新建 | 邮箱”。

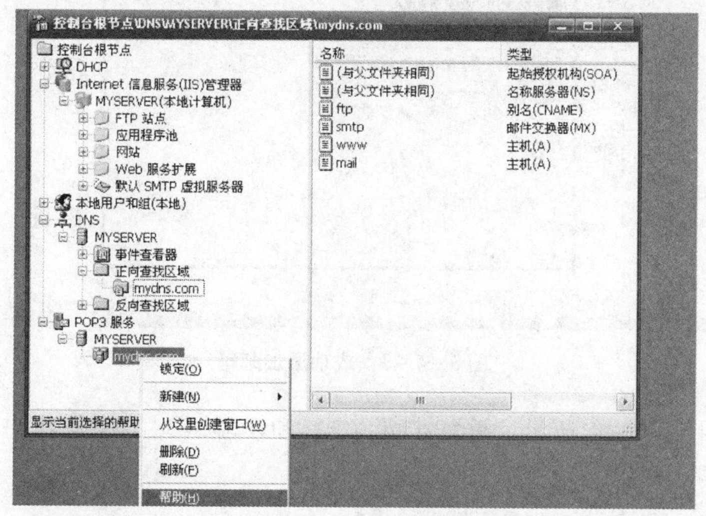

图 5-4-1 POP 服务属性界面

（2）如图 5－4－2 所示，在“添加邮箱”窗口，在邮箱名下输入“user01”，勾选“为此邮箱创建相关联的用户”，输入两次相同的密码，单击“确定”按钮。

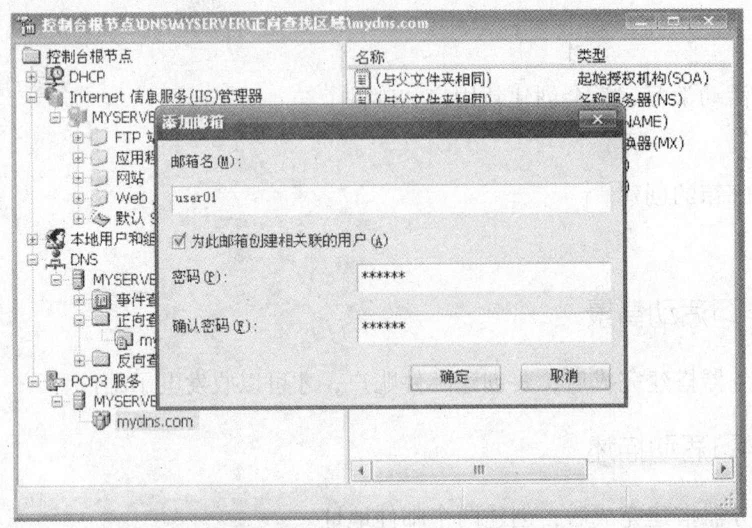

图 5－4－2　“添加邮箱”界面

（3）如图 5－4－3 所示，成功添加邮箱。

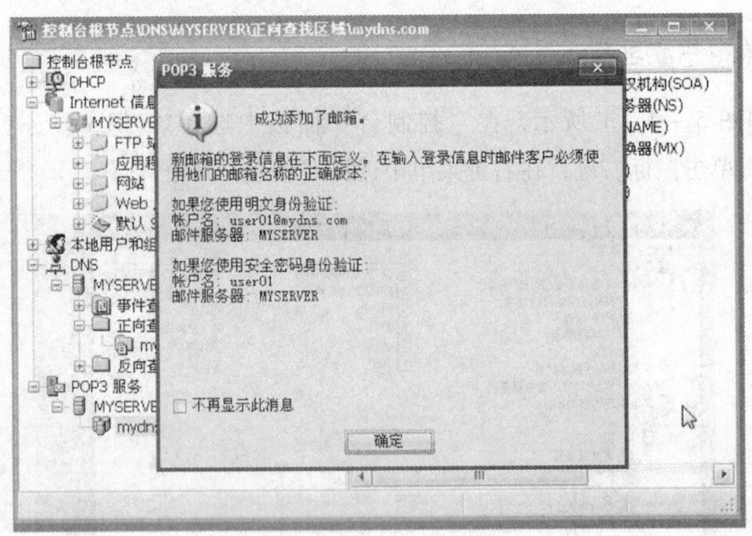

图 5－4－3　成功添加邮箱

（4）如图 5－4－4 所示，重复步骤（2）和步骤（3），完成账户“user03”的创建。

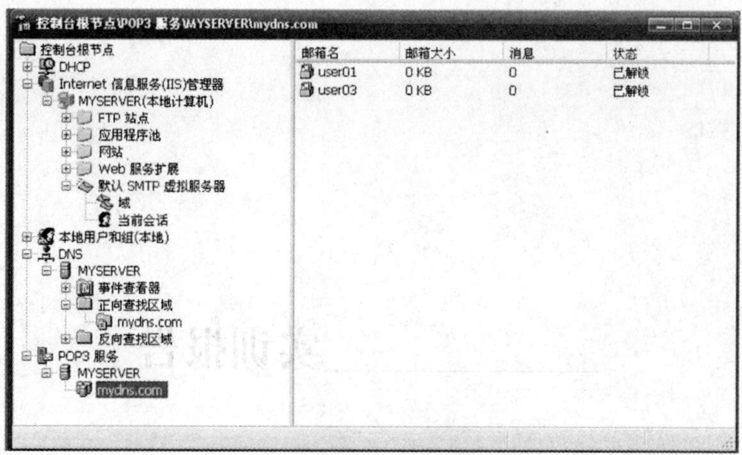

图 5－4－4 添加两个用户界面

五、学习活动检查与评价（如下表所示）

学习活动四检查与评价

评价要点		自评	互评	教师评
专业知识点	了解邮件服务器基础知识			
	理解邮件服务器账户作用			
专业实训能力	会创建邮件服务器账户			

说明：评价分为四个等级，分别为优、良、一般、差，其中教师评价为总评结果。

六、学习活动实训报告

________实训报告

专业：________________

姓名：________________

学号：________________

日期：________________

组号		组长	
实训名称			
成绩			

一、实训目的

二、实训步骤（具体过程）

三、实训结论

四、小结

学习活动五　收发邮件

【学习目标】

通过本活动学习，学会使用期 Outlook 收发电子邮件。

【学习重点】

收发电子邮件。

【学习过程】

一、学习活动背景

Microsoft Office 套装软件的组件之一 Outlook 即可以实现邮件的发送和接收，可以用它来收发电子邮件、管理联系人信息、记日记、安排日程等。

二、学习活动描述

完成电子邮件账户的创建后，会收发电子邮件。

三、学习活动要求

邮件服务器 IP：192.168.0.200。客户端 IP：192.168.0.211。

在客户端用 Outlook 收发邮件。用户 user01 发送一封邮件给用户 user02，标题为发送给 02，内容为“下午 2：00 在会议室开会”，用户 user03 回复一封邮件，标题为回复给 01，内容为“收到信息”。

四、学习活动实施

（1）如图 5－5－1 所示，设置客户端 IP 地址。

（2）如图 5－5－2 所示，单击“开始 | 所有程序 | Outlook Express”。

（3）如图 5－5－3 所示，选择“工具”菜单下的“账户”选项。

（4）如图 5－5－4 所示，在“Internet 账户”窗口中，选择“邮件”选项卡，单击“添加 | 邮件”。

（5）如图 5－5－5 所示，在“Internet 连接向导”窗口中，在显示名文本框中输入“jgxx_01”，单击“下一步”按钮。

（6）如图 5－5－6 所示，输入邮件地址 jgxx_01@mydns.cn，单击“下一步”按钮。

（7）如图 5－5－7 所示，我的邮件服务器是选择“POP3”服务器，输入接收邮件和发送邮件的服务器地址，单击“下一步”按钮。

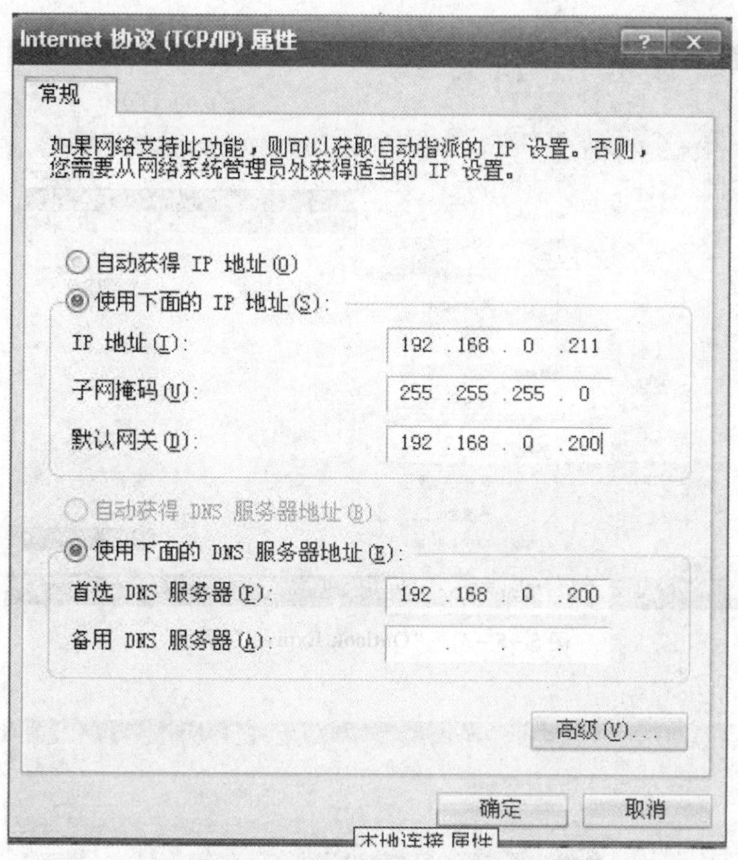

图 5－5－1 “Internet 协议属性”界面

图 5－5－2 启动 Outlook 软件界面

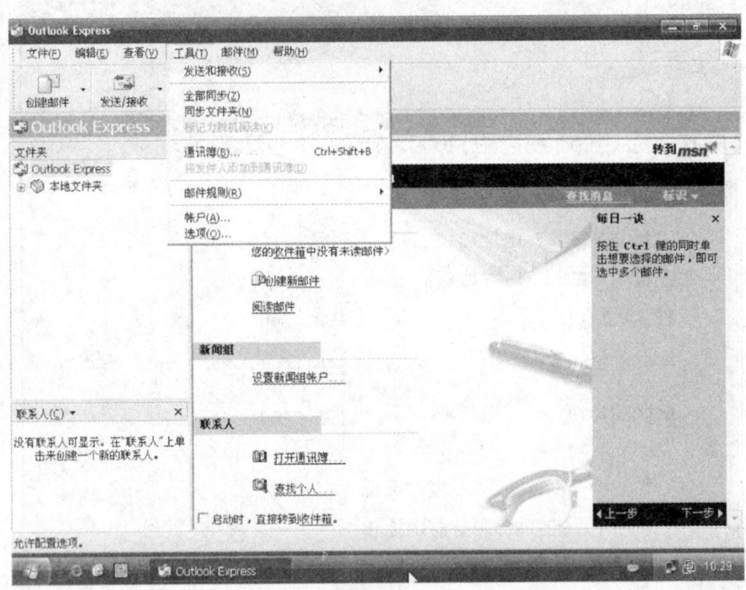

图 5－5－3　“Outlook Express”界面

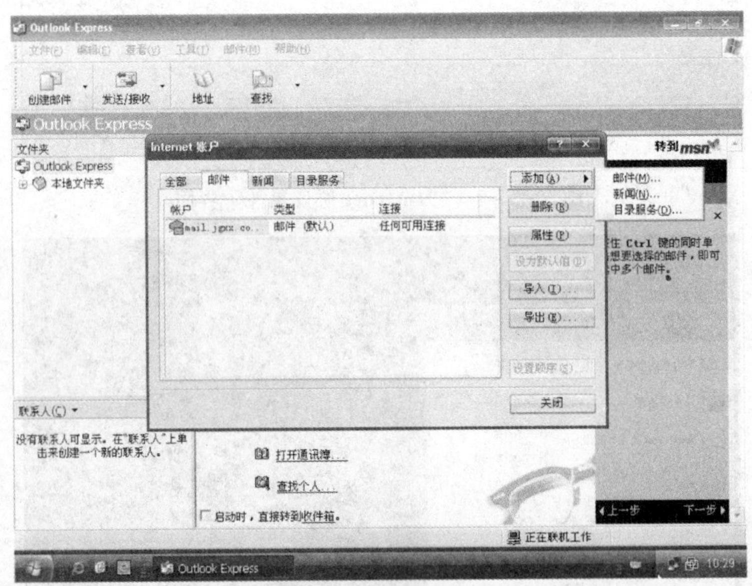

图 5－5－4　“Internet 账户”界面

(8) 如图 5－5－8 所示，单击“完成”按钮完成账户的创建。

(9) 如图 5－5－9 所示，邮件添加完成，用同样方法添加另一个电子邮件账户。

(10) 如图 5－5－10 所示，选择“本地文件夹”，在右边窗口中单击“发送和接收全部邮件”按钮，如果没有出现警告提示，说明测试邮件服务器成功。

(11) 如图 5－5－11 所示，打开“新邮件”对话框，输入内容后，单击“发送”按钮。

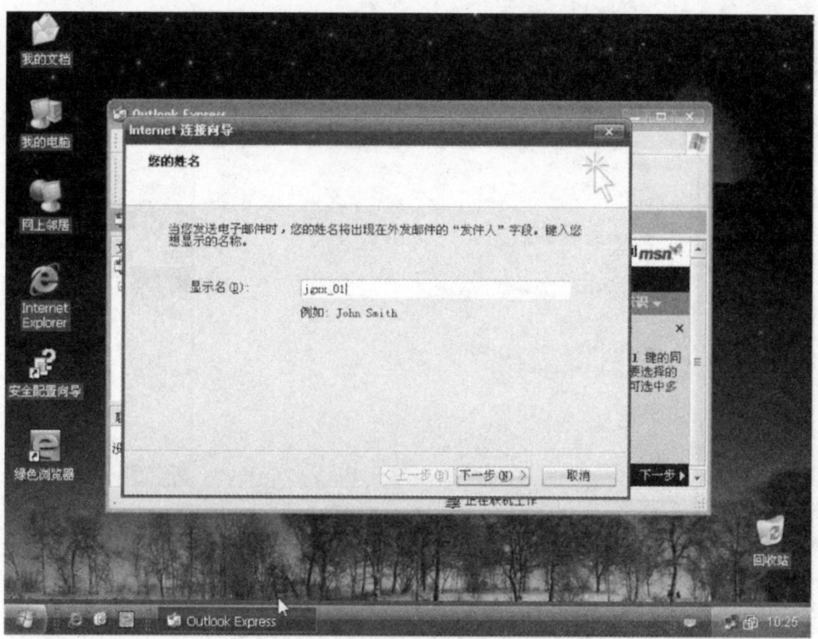

图5-5-5 输入名称界面

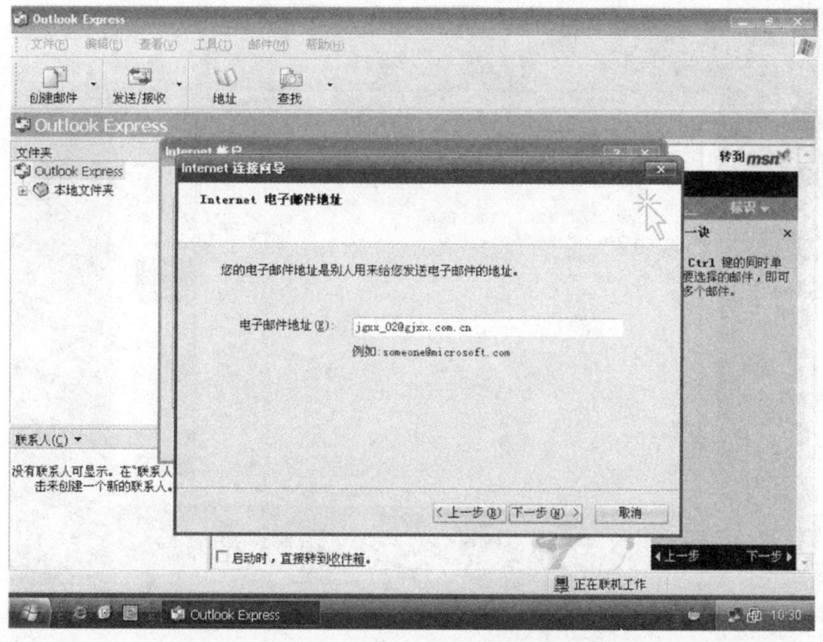

图5-5-6 “Internet 电子邮件地址”界面

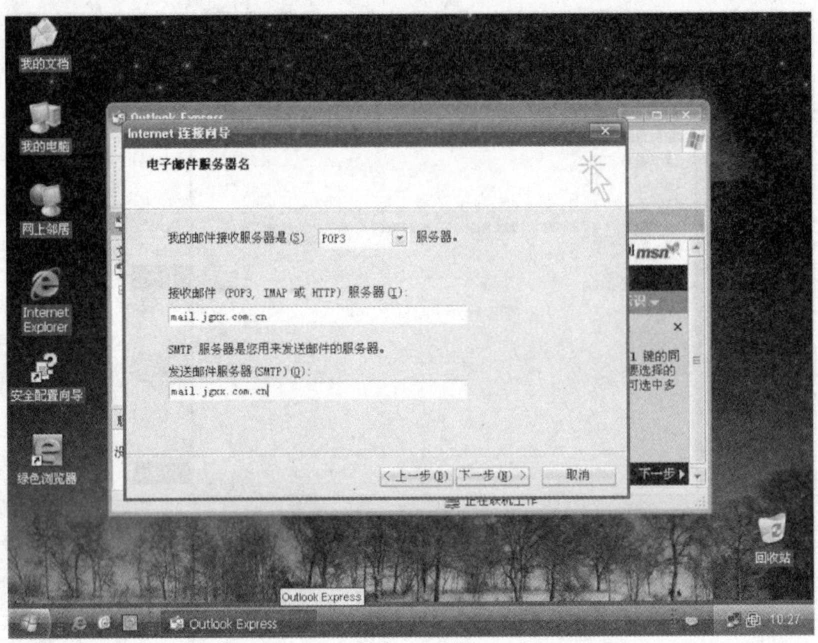

图 5 – 5 – 7　“电子邮件服务器名”界面

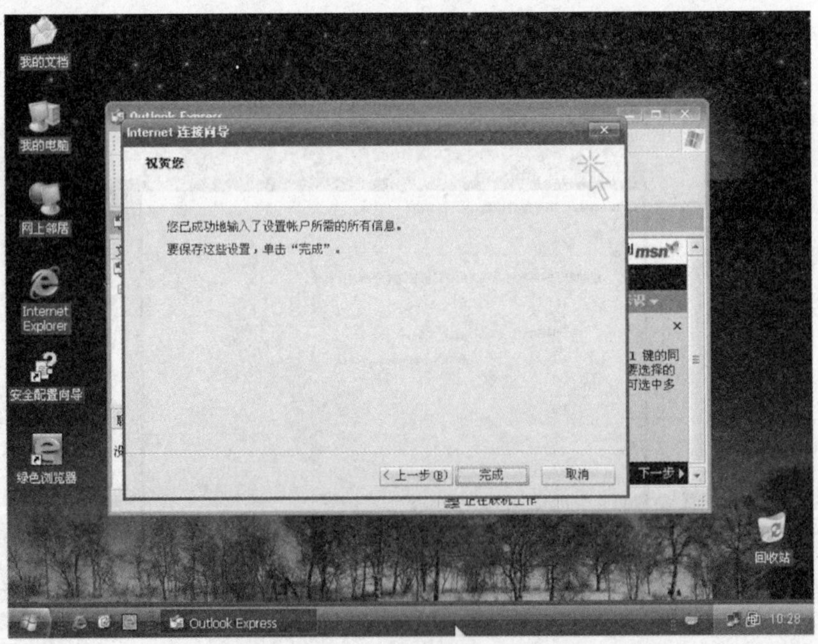

图 5 – 5 – 8　完成账户创建

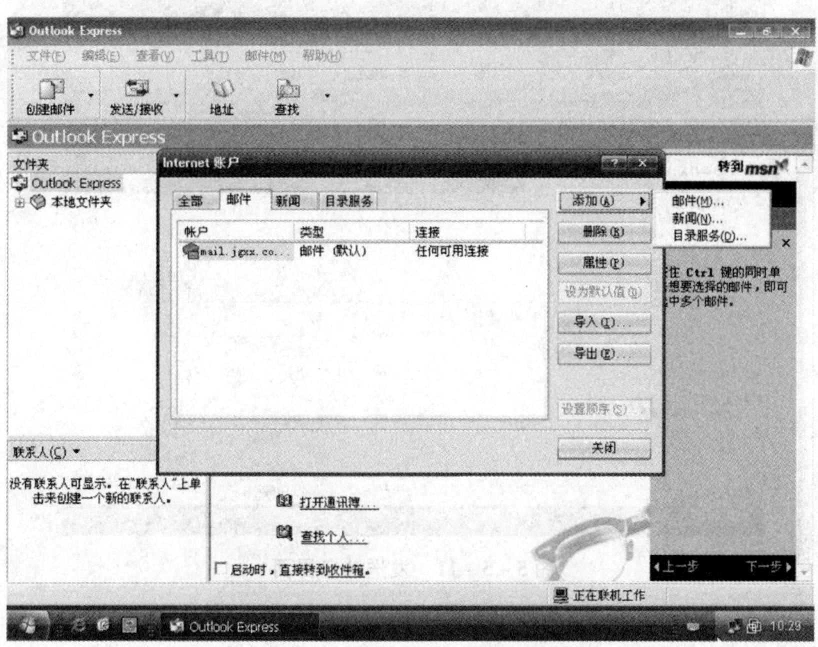

图 5－5－9 添加另一个电子邮件账户

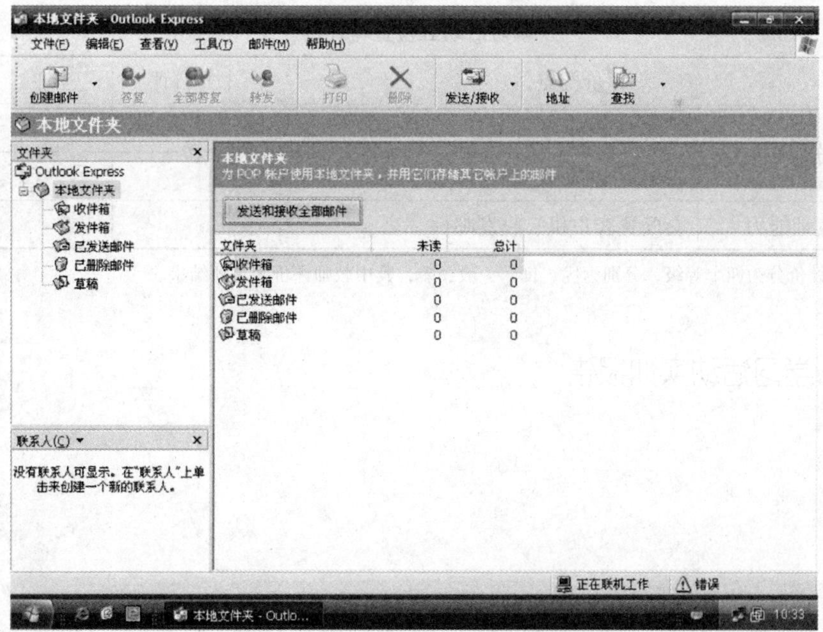

图 5－5－10 本地文件夹界面

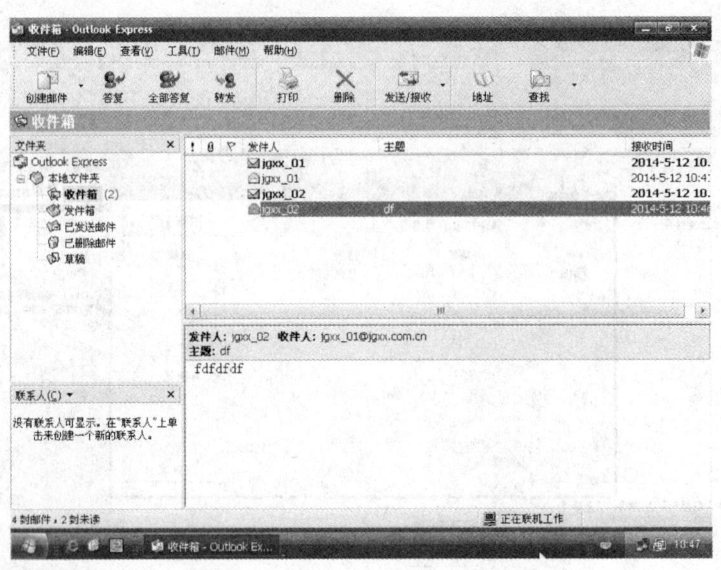

图 5-5-11　发送消息界面

五、学习活动检查与评价（如下表所示）

学习活动五检查与评价

评价要点		自评	互评	教师评
专业知识点	了解 Outlook 软件			
	理解 Outlook 收发邮件原理			
专业实训能力	会配置客户机、收发邮件			

说明：评价分为四个等级，分别为优、良、一般、差，其中教师评价为总评结果。

六、学习活动实训报告

________实训报告

专业：____________________

姓名：____________________

学号：____________________

日期：____________________

组号		组长	
实训名称			
成绩			

一、实训目的

二、实训步骤（具体过程）

三、实训结论

四、小结

参考文献

[1] 姚华婷. 网络服务器配置与管理——Windows Server 2003 篇 [M]. 北京：人民邮电出版社，2009.

[2] 高晓飞. 网络服务器配置与管理——Windows Server 2003 平台 [M]. 北京：高等教育出版社，2009.

[3] 叶小荣，刘晓辉. 网络服务器配置与应用 [M]. 北京：中国铁道出版社，2011.